OPUSCULES

ENTOMOLOGIQUES

PAR

E. MULSANT,

Sous - Bibliothécaire de la ville de Lyon,
Professeur d'Histoire naturelle au Lycée,
Membre de l'Académie des sciences, belles-lettres et arts,
des Sociétés d'Agriculture, Linnéenne, et Littéraire de la même ville;
Membre honoraire de la Société Entomologique de Stettin,
Correspondant des Sociétés des Sciences de Lille, des Naturalistes de Moscou,
de Halle, de Basle, d'Altenbourg, etc., etc.

DEUXIÈME CAHIER.

PARIS.

L. MAISON, LIBRAIRE, RUE CHRISTINE, 3.

1853.

OPUSCULES

ENTOMOLOGIQUES.

P. ORMANCEY

Naturaliste,

Né à Dijon le 1ᵉʳ Août 1811, mort à Lyon le 29 Août 1852.

OPUSCULES
ENTOMOLOGIQUES

PAR

E. MULSANT,

Sous - Bibliothécaire de la ville de Lyon,
Professeur d'Histoire naturelle au Lycée,
Membre de l'Académie des sciences, belles-lettres et arts,
des Sociétés d'Agriculture, Linnéenne, et Littéraire de la même ville;
Membre honoraire de la Société Entomologique de Stettin,
Correspondant des Sociétés des Sciences de Lille, des Naturalistes de Moscou,
de Halle, de Basle, d'Altenbourg, etc., etc.

DEUXIÈME CAHIER.

PARIS.

L. MAISON, LIBRAIRE, RUE CHRISTINE, 3.

—

1853.

A MONSIEUR LE COMTE

GUSTAVE DE MANNERHEIM,

DOCTEUR EN PHILOSOPHIE ET EN DROIT,

PRÉSIDENT DE LA HAUTE COUR DE JUSTICE DE VIBOURG,

Chevalier des ordres de Saint Vladimir 2e classe,

de Ste Anne et de Saint-Stanislas 1re classe ,

décoré de la Couronne impériale ,

Membre de la société des sciences de Finlande, etc., etc..

MONSIEUR LE COMTE ,

Vos travaux entomologiques vous ont conquis des suffrages si unanimes , que mes louanges seraient un hors-d'œuvre et n'ajouteraient rien à votre renommée. Mon seul but , en vous priant

d'agréer l'hommage de ces modestes pages, est de vous offrir,
avec le faible tribut de mon admiration, l'assurance des sentiments
profonds de respect avec lesquels

J'ai l'honneur d'être

Votre tout dévoué,

E. Mulsant.

Lyon, le 2 mai 1853.

TABLE

DES MATIÈRES.

	Pages.
Description d'une nouvelle espèce d'Hydræne.	1
Description de quelques Coléoptères nouveaux ou peu connus.	4
Description d'une espèce du genre *Catopsimorphus*.	12
Description de trois espèces nouvelles du genre *Anobium* (Dryophilus).	14
Description d'un nouveau genre de la famille des Byrrhiens	21
Observations sur quelques espèces du genre *Dorcadion*.	24
Description de quelques Coléoptères nouveaux ou peu connus de la tribu des Brachélytres	55
Description de trois Coléoptères nouveau de la tribu des Scymniens	86
Description d'une espèce nouvelle du genre *Bostrichus*.	91
Description d'une espèce nouvelle de Malachie	93
Description d'une espèce nouvelle de Carabique de la famille des Féroniens	95
Description de deux Coléoptères nouveaux de la tribu des Fracticornes	97
Notice sur Pédre Ormancey	101
Description de quelques Coléoptères de la tribu des Longicornes.	105
Description du *Vesperus Xatarti* ♀	121
Description d'une nouvelle espèce de Carabique	124
Description d'un Coléoptère nouveau.	127

Notice sur E. L. J. H. Boyer de Fonscolombe 129

Notice sur Marie Wachanru 145

Notice sur Hugues-Fleury Donzel 155

Description de quelques espèces inédites de Palpicornes, constituant un genre nouveau dans la branche des Bérosaires . 173

Description d'un Coléoptère inédit, constituant un nouveau
genre parmi les Élatérides. 181

Description d'un Coléoptère, constituant un nouveau genre
parmi les Taxicornes. 185

Description d'un Coléoptère inédit constituant un genre nouveau parmi les Élatérides 189

DESCRIPTION

D'UNE

NOUVELLE ESPÈCE D'HYDRÆNE,

PAR

E. MULSANT et CL. REY.

(Présentée à la Société Linnéenne de Lyon, le 10 mai 1852.)

Hydræna producta.

Allongée; dessus du corps d'un noir de poix, avec les antennes et souvent les pieds, d'un rouge fauve. Prothorax d'un quart moins long dans son milieu que ses côtés qui sont anguleusement dilatés ; creusé de chaque côté d'un sillon postoculaire, non prolongé jusqu'à l'angle postérieur, presque impointillé en dehors de ce sillon, sur le tiers antérieur, ponctué sur le reste de sa surface. Elytres à cinq stries ponctuées à partir de la suture, peu régulièrement ponctuées en dehors de celles-ci : la première strie postérieurement plus profonde : les autres, réduites à des rangées de points, à partir du milieu de la longueur.

Long. 0,0019 (7/8 l.) larg. 0,0008 (2/5 l.)

Corps allongé; faiblement convexe; luisant, en dessus. *Tête* noire ou d'un noir de poix ; comme bilobée à la partie antérieure du labre ; presque lisse ou peu distinctement pointillée sur l'épistome, marquée sur le front de points assez gros, séparés par des

1

intervalles à peine moins petits que leur diamètre. *Palpes maxillaires* d'un rouge fauve. *Antennes* plus livides, à massue cendrée ou d'un cendré rougeâtre. *Prothorax* aussi large en devant
que la tête et les yeux ; en hexagone transverse ; tronqué à ses
bords antérieur et postérieur, ou plutôt faiblement échancré en
arc au premier, et coupé légèrement en arc dirigé en avant au
dernier ; anguleusement dilaté dans le milieu de ses côtés ; d'un
quart environ moins long dans son milieu que large dans son
diamètre transversal le plus grand ; rétréci dans sa seconde
moitié d'une manière légèrement subsinueuse ; à peine aussi
large à ses angles postérieurs qu'aux antérieurs ; noir ou d'un
noir de poix ; creusé, de chaque côté, d'un sillon postoculaire
presque droit ou faiblement courbé en dehors, de largeur presque égale ou un peu renflé vers ses extrémités, naissant près du
bord antérieur, dirigé d'une manière longitudinalement oblique
vers l'angle postérieur dont il reste plus ou moins distant ; marqué entre ces sillons de points un peu plus gros que ceux du
front : ces points, plus profonds près des bords antérieur et postérieur, plus légers sur le disque, séparés par des intervalles à
peine aussi grands ou plus grands que leur diamètre ; presque
lisse ou densement et imperceptiblement pointillé, entre le sillon
et le bord externe, sur le tiers antérieur de la longueur, et très-
légèrement relevé en rebord au côté externe du sillon précité ;
assez grossièrement et un peu obsolètement ponctué sur le reste
de la partie située entre le sillon et le bord externe. *Elytres* faiblement plus larges aux angles huméraux que le prothorax à ses
angles postérieurs ; élargies assez sensiblement en ligne un peu
courbe jusqu'au sixième, puis faiblement jusqu'à la moitié de
leur longueur, rétrécies ensuite ; obtusément tronquées à l'extrémité et ne cachant pas ordinairement d'une manière complète le
pygidium (♂), ou prolongées en pointe acuminée et sensiblement
relevée à son extrémité, dépassant notablement le dernier arceau
de l'abdomen (♀) ; munies latéralement, à partir du sixième de

leur longueur, d'une gouttière qui s'efface vers l'extrémité ; médiocrement ou assez faiblement convexes ; noires ou d'un noir de poix, avec le bord postérieur très-brièvement (♂), ou la partie acuminée (♀), d'un rouge fauve ; rayées à la base , à partir de la suture, de cinq stries ponctuées ou marquées de points rapprochés, d'un diamètre presque égal à celui des intervalles les plus étroits : la première strie, postérieurement plus profonde : les autres, presque réduites, après la moitié de la longueur, à des rangées striales de points ; marquées en dehors de ces stries de points peu ou point régulièrement disposés en rangées longitudinales. *Dessous du corps* noir ou d'un noir de poix ; comme poudré, principalement sur le ventre, d'un duvet cendré jaunâtre : prosternum faiblement caréné : métasternum creusé dans ses trois derniers cinquièmes d'un sillon élargi postérieurement et paré de chaque côté d'une bordure luisante : cinquième arceau du ventre offrant plus de sa moitié postérieure lisse : cette partie arquée en avant: l'arceau suivant, lisse (♂), garni de poils (♀). *Pieds* ordinairement d'un rouge fauve , comme les palpes , parfois avec les cuisses brunes et les jambes un peu moins obscures, surtout chez les ♀ .

Cette espèce habite, pendant l'été, les eaux de la Grosne , à Avenas (Rhône).

QUELQUES COLÉOPTÈRES

NOUVEAUX OU PEU CONNUS,

PAR

E. MULSANT et Cl. REY.

(Présentée à la Société Linnéenne de Lyon, le 9 août 1852.)

Ædilis xanthoneura.

Cinereo-pubescens, punctata ; elytris quinque nervis longitudinalibus (juxta-suturali comprehenso) flavo-cinereis, punctis nigro-pubescentibus notatis , maculis duabus nigris et vittâ abbreviatâ V formanti antè tertiam partem , ornatis.

Long. 0ᵐ,0125(5 1/2 l.); larg. 0ᵐ,0045 (2 l.).

Corps noir ou d'un brun noir; revêtu d'un duvet épais, cendré. *Tête* longitudinalement rayée d'une ligne médiaire prolongée du vertex jusqu'à l'épistome; marquée de très-petits points noirs près de cette ligne, après la base des antennes; celles-ci d'un tiers environ plus longuement prolongées que le corps ; sétacées, garnies de duvet; de onze articles : le deuxième, petit, noir; les autres d'un blanc cendré ou d'un blanc rosé à la base, noirs à l'extrémité. *Prothorax* de deux tiers environ plus large que long ; tronqué à ses bords antérieur et postérieur ; armé d'un tubercule épineux dans le milieu de ses côtés; rayé d'une ligne longitudinale sur le milieu de sa partie dorsale; revêtu d'un duvet cendré ; marqué, près de la base, d'une rangée transversale irrégulière de points noirs, très-petits et presque contigus; d'une teinte jaune ou d'un jaune cendré, plus apparente près des côtés, vers la région de ces points; parsemé sur sa surface de points semblables et de taches noires, irrégulières, mais petites. *Ecusson* en triangle obtus ou tronqué; revêtu d'un duvet cendré; rayé d'une ligne médiaire; noté, de chaque côté, près de l'extrémité, d'une tache brune presque ponctiforme. *Elytres* près d'une fois aussi larges à la base que le prothorax à ses angles postérieurs; plus larges que ce dernier à l'extrémité de ses épines; presque parallèles, arrondies chacune à l'extrémité, et plus fortement au côté externe qu'à l'angle sutural; subdéprimées sur le dos; à fossette humérale peu profonde; revêtues d'un duvet cendré, passant au cendré jaunâtre vers les cinq sixièmes de la longueur; marquées de points glabres noirs, assez rapprochés et très-apparents vers la base, graduellement plus petits et peu ou point distincts vers l'extrémité; chargées chacune d'une nervure juxta-suturale et de quatre autres longitudinales, d'un jaune cendré ou d'un jaune pâle : les deuxième et troisième, réunies à leur extrémité, vers les cinq sixièmes de la longueur : les deux extrêmes, moins prononcées : ces nervures, ainsi que l'extrémité des étuis, mouchetées de points d'un duvet noir; ornées en outre chacune de deux taches et d'une sorte de bande de duvet également noir : la tache antérieure, parfois un peu obliquement longitudinale, couvrant la quatrième nervure du cinquième aux deux septièmes de la longueur, parfois plus courte et subarrondie : la deuxième tache, ordinairement un peu plus petite, couvrant l'extrémité de la cinquième nervure, vers les cinq sixièmes de la longueur : la bande, raccourcie à ses extrémités, entaillée et presque en forme de V, étendue presque depuis la nervure juxta-suturale jusqu'à la cinquième, un peu après les trois cinquièmes de la longueur. *Dessous du corps* et *pieds* revêtus d'un duvet cendré; non marqués de points noirs.

Patrie : la Sicile (collect. GODART).

Rhysodes sulcipennis.

Elongatus, obscuré ruber, nitidus; capite bisulcato, sulcis obliquis posticé feré contiguis; prothorace sulco medio et foveis basilaribus duabus oblongis; elytris sulcis tribus punctatis posticé abbreviatis exaratis et extrinsecus ter striato-punctatis.

Long. 0ᵐ,0067 (3 l.) larg. 0ᵐ,0015 (2/3 l.)

Corps allongé ; subdéprimé ; entièrement d'un rouge noir, lisse et luisant. *Tête* creusée, à partir des antennes, de deux sillons convergents, sur le milieu de la partie postérieure. *Antennes* à peine plus longuement prolongées que la moitié de la longueur du prothorax ; de onze articles : le premier renflé : les autres, égaux ; moniliformes, parcimonieusement pubescents. *Prothorax* en ovale allongé ; de deux tiers plus long qu'il n'est large dans son milieu ; étroitement rebordé ; creusé d'un sillon longitudinal médiaire et de deux fossettes basilaires : le sillon élargi postérieurement en ovale allongé : les fossettes, situées chacune entre le sillon et le bord externe, liées ou à peu près à la base, couvrant le tiers postérieur. *Ecusson* ovalaire ; enfoncé. *Elytres* un peu plus larges à la base que le prothorax, un peu moins larges en devant que le prothorax dans son diamètre transversal le plus grand ; deux fois environ aussi longues que ce dernier segment ; creusées chacune de trois sillons ponctués ; et plus extérieurement de trois rangées de points : le sillon médiaire un peu moins longuement prolongé que les deux autres : ceux-ci n'aboutissant pas tout-à-fait à l'extrémité qui est relevée en bourrelet : les première et troisième rangées de points, creusées en sillon à leur extrémité : le sillon de la première, aboutissant à l'espèce de concavité formée par le rebord ou bourrelet postérieur : la deuxième rangée relevée en côte à son extrémité. *Dessous du corps* sillonné transversalement sur les côtés des arceaux du ventre : le dernier arceau non sillonné et ponctué. *Jambes* ornées d'une épine, près de l'extrémité de leur tranche inférieure : l'épine des jambes de devant incourbée.

Patrie : la Sicile (collect. Godart).

Ptilinus aspericollis.

*Cylindricus, supra castaneus ; capite subcoriaceo ; antennis rufo-piceis,
pectinatis ; prothorace anticè asperato, margine acuto subdenticulato,
elytris punctulatis et leviter rugulosis ; pedibus rufo piceis.*

Long. 0^m,0067 (3 l.) larg. 0^m,0018 (4/3 l.)

Corps cylindrique ; châtain en dessus. *Tête* perpendiculaire ;
convexe ; chagrinée ; garnie de poils courts et peu apparents ;
offrant un sillon léger, transversal, en arc dirigé en arrière, naissant près du milieu du bord interne des yeux. *Antennes* et *palpes*
d'un brun rouge : les premières, presque aussi longuement prolongées que les côtés du prothorax ; de onze articles : le premier
conique : le deuxième globuleux, petit ; les suivants, ponctués.
Prothorax avancé en arc à son bord antérieur, voilant la tête ;
à angles antérieurs prononcés, presque rectangulairement ouverts,
mais incourbés et invisibles en dessus ; à angles postérieurs arrondis ; un peu plus long que large ; muni en devant d'un rebord
étroit, relevé, tranchant et presque denticulé, moins faible dans
le milieu que sur les côtés ; faiblement rebordé ou relevé en rebord
sur les côtés jusqu'après les angles postérieurs, sans rebord dans
le reste de la base ; très-convexe ; déclive dans la moitié antérieure ; râpeux ou chargé sur celle-ci de petits points élevés dirigés
en arrière, plus lisse ou moins râpeux postérieurement ; garni
de poils fauves courts et peu apparents. *Ecusson* presque carré,
émoussé aux angles postérieurs. *Elytres* semi-cylindriques ; en
ogive chacune à leur extrémité ; assez densement pointillées ; assez
finement rugueuses en devant et plus légèrement postérieurement.
Dessous du corps noir ou d'un noir brun sur la poitrine ; d'un
brun rougeâtre ou châtain sur le ventre. *Pieds* d'un brun rouge.
Patrie : la Sicile (collect. GODART).

Apalochrus flavo-limbatus.

Capite, elytris et corpore subtus nigris : ore, antennarum basi, pedibus prothoraceque rubro-testaceis : prothorace post medium transversé sulcato. Elytrorum lateribus margine flavo abbreviato ornatis.

Long. $0^m,0045$ (2 l.) larg. $0^m,0014$ (2/3 l.)

Corps subparallèle; médiocrement convexe. *Tête* couverte de points contigus; glabre, mais garnie après les yeux, sur les côtés, de quelques poils noirs assez longs; noire, avec le bord antérieur de l'épistome et le labre d'un rouge testacé. *Palpes maxillaires* de même couleur, à dernier article noir à l'extrémité. *Antennes* un peu plus longuement prolongées que le prothorax; presque filiformes; de onze articles : le premier, renflé; presque égal en longueur au troisième : le deuxième, en majeure partie caché dans le premier : le troisième de moitié au moins plus grand que le suivant : les premier, deuxième et troisième d'un rouge testacé : les quatrième et cinquième d'un rouge testacé, marqués chacun d'une tache noire : les suivants en majeure partie ou en totalité noirs : les premiers de ceux-ci, avec la base d'un rouge testacé. *Prothorax* un peu arqué à son bord antérieur; presque parallèle dans sa première moitié, rétréci dans la seconde et d'une manière à peine sinueuse près des angles postérieurs; tronqué et faiblement échancré en arc à la base; émoussé aux angles postérieurs; un peu plus long que large dans son diamètre transversal le plus grand; muni sur les côtés et à la base d'un rebord très-étroit, peu apparent; assez convexe; moins légèrement ponctué sur les côtés que sur le dos; creusé, vers les trois-quarts de sa longueur, d'un sillon transversal très-marqué; glabre, d'un rouge testacé. *Écusson* presque carré, émoussé et subarrondi à ses angles postérieurs; sillonné longitudinalement dans son milieu; noir. *Elytres* graduellement et faiblement élargies d'avant en arrière; arrondies à l'angle postéro-externe, arquées chacune à l'extrémité, c'est-à-dire en

offrant à l'angle sutural un angle rentrant très-ouvert; médiocrement convexes; creusées d'une fossette ou sillon huméral
prolongé en s'affaiblissant jusqu'au tiers ou au quart de la longueur; un peu ruguleusement ponctuées; noires, parées chacune d'une bordure externe d'un flave rougeâtre ou d'un rouge
flave, prolongée du septième aux trois-quarts environ de leur
longueur. *Dessous du corps* noir. *Pieds* d'un rouge jaune, avec
les genoux noirs.

Patrie : les environs de Montpellier (Collect. GODART.)

Tenebrio noctivagus.

*Suprà niger, subsericeus; prothorace basi bissubsinuato, punctulato,
lateribus punctis orbicularibus majoribus, antè basin sulco transversali
abbreviato; scutello obtusè triangulari ; elytris leviter punctato-striatis;
interstitiis planis.*

Long. 0^m,0135 à 0^m,0146 (6 à 6 1/2 l.) larg. 0^m,0052 à 0^m,0056 (2 1/3 à 2 1/2 l.)

Corps suballongé; médiocrement convexe; d'un noir un peu
luisant et soyeux, en dessus. *Tête* finement ponctuée; creusée
sur la suture frontale d'une ligne en demi-cercle dirigée en
arrière. *Labre* cilié de roux ou roux fauve. *Antennes* un peu
moins longuement prolongées que les côtés du prothorax; à troisième article de moitié à peine plus long que les suivants; élargies graduellement à partir de cet article jusqu'au dixième : le
onzième, presque orbiculaire, d'un brun roussâtre. *Prothorax*
arqué sur les côtés avec une faible sinuosité vers les angles postérieurs; muni sur les côtés d'un rebord affaibli postérieurement;
à deux entailles ou deux sinuosités à la base, avec la partie
médiaire arquée en arrière et à peine plus prolongée que les
angles; d'un tiers au moins plus large que long; très-médiocrement convexe; finement pointillé; inégalement marqué sur les
côtés et presque jusqu'à la ligne médiaire de points cycloïdes
moins petits; creusé au devant de la base d'un sillon, plus prononcé dans la partie médiaire, à peine prolongé jusqu'aux angles:

ce sillon ne laissant après lui, surtout dans le milieu, qu'un rebord très-étroit; marqué à chaque entaille ou sinuosité basilaire d'une ligne ou dépression longitudinale courte. *Écusson* en triangle obtus ou presque à côtés curvilignes; densement et finement ponctué. *Elytres* à neuf stries assez légères ou peu profondes, ponctuées, presque formées par des points, séparées longitudinalement par des espaces à peine de moitié aussi grands que leur diamètre : la première ou juxta-suturale postérieurement liée avec la juxta-marginale : les autres pareillement liées et enclosant les quatrième et cinquième; intervalles planes, très-faiblement convexes postérieurement; un peu plus finement et superficiellement pointillés que le fond du prothorax. *Dessous du corps* et *pieds* assez finement ponctués; un peu moins obscurs que le dessus.

Patrie : la Sicile (coll. Arias Teijeiro, Aubé, Godart).

Trogosita tristis.

Brunneo-rufus aut brunneo-rufus subvirescens, subconvexus; antennis rufis; capite prothoraceque parùm densè punctatis; fronte lineâ mediâ posticè abbreviatâ; elytris vix rugulosis, striato-punctatis, interstitiis serie longitudinali punctorum minorum notatis.

Long. 0^m,0112 (5 l.) larg. 0^m,0033 (1 1/2 l.)

Corps allongé; assez médiocrement convexe; entièrement d'un brun rouge avec un léger reflet verdâtre, à certain jour. *Tête* marquée de points peu rapprochés, sur un fond superficiellement et imperceptiblement pointillé; rayée d'une ligne médiane très-marquée, prolongée depuis le milieu du front jusqu'au bord antérieur de l'épistome : celui-ci trisinué. *Antennes* prolongées jusqu'aux trois cinquièmes environ des côtés du prothorax; d'un rouge brun : les troisième à huitième articles presque de même grosseur : les sixième à huitième, globuleux : les neuvième à onzième articles en massue dentée et à dents arrondies. *Prothorax* à peine arqué en devant; à angles antérieurs prononcés et en forme de petite dent; rétréci faiblement et en ligne presque droite jusqu'aux deux tiers, puis d'une manière plus sensible et visiblement sinuée ; muni latéralement d'un rebord assez étroit et un peu tranchant ; à angles postérieurs armés d'une petite dent dirigée en dehors ; tronqué en ligne presque droite à la base ; au moins aussi fortement rebordé à celle-ci que sur les côtés ; médiocrement convexe : marqué, comme la tête, de points peu ou médiocrement rapprochés, sur un fond superficiellement et presque imperceptiblement pointillé ; ordinairement noté d'une fossette, de chaque côté, vers la moitié de la longueur. *Ecusson* très-petit ; transverse. *Elytres* à angles huméraux saillants et prononcés ; à peu près parallèles jusqu'aux quatre cinquièmes ou un peu plus, arrondies (prises ensemble) à l'extrémité ; assez médiocrement convexes ; légèrement ruguleuses ; à neuf ou dix rangées de points presque carrés, peu gros sur la majeure partie du dos, plus petits près des bords latéraux : chacune de ces rangées, séparée par une rangée parallèle de points notablement plus petits sur le dos, à peu près égaux sur les côtés. *Dessous du corps* un peu moins légèrement ponctué sur l'antepectus que sur le reste, vert ou d'un vert brunâtre. *Prosternum* peu élargi après les hanches; sillonné transversalement avant son bord postérieur. *Pieds* de la couleur du dessous du corps : *Tarses* d'un rouge brun. *Cuisses* lisses ou peu visiblement pointillées.

Patrie ; la Sicile (collect. GODART).

Obs. L'exemplaire d'après lequel a été faite cette description n'avait peut-être pas sa couleur complète; néanmoins cette espèce se distingue du *T. cœrulœa*, par son corps plus étroit, plus parallèle; par son prothorax offrant les angles antérieurs avancés en forme de petite dent, tronqué en ligne presque droite à la base; par ses élytres à intervalles presque lisses ou à peine ruguleux ; par son prosternum moins triangulaire, c'est-à-dire faiblement élargi après les hanches.

DESCRIPTION

D'UNE ESPÈCE NOUVELLE DU GENRE

CATOPSIMORPHUS, Aubé.

PAR

E. MULSANT et Cl. REY.

(Présentée à la Société Linnéenne de Lyon , le 9 août 1852,)

Catopsimorphus pilosus.

Ovalis, convexus, nitidus, longius fulvo-pubescens ; nigro-piceus ; antennis elongatis; ore, pedibus elytrisque ferrugineis : his ad scutellum apiceque infuscatis; thorace antice angustato, angulis rotundatis.

Long. 0ᵐ,003 (1 1/3—1 1/2 l.).

♂ *Tarses antérieurs* ayant leurs trois premiers articles dilatés. *Tibias des pieds intermédiaires* fortement arqués ou coudés en leur milieu; grêles à la base, et sensiblement épaissis au sommet à partir du coude.

♀ *Tarses antérieurs* simples. *Tibias intermédiaires* très-légèrement arqués.

Corps ovale, convexe, brillant, couvert d'une pubescence jaunâtre assez longue.

Tête transversale, inclinée, très-convexe, couverte de points assez gros, mais peu profonds et peu serrés; d'un noir brillant avec les *parties de la bouche* ferrugineuses. *Yeux* grands, noirs, assez saillants.

Antennes pubescentes, plus longues que la tête et le prothorax réunis, plus épaisses à l'extrémité; à premier article en massue allongée : les deuxième à septième subcylindriques, presque égaux, graduellement un peu plus épais: les neuvième et dixième légèrement transversaux : le huitième plus fortement, pas plus étroit mais un peu plus court que le précédent et le suivant : le dernier presque aussi long que les trois précédents réunis , cylindrique jusqu'aux deux tiers de sa longueur, et brusquement rétréci en pointe aiguë dans son dernier tiers.

Prothorax transversal, plus d'une moitié plus large que long, de la largeur des élytres à sa base, fortement rétréci en avant, légèrement échancré au sommet, subbissinueux à la base : les côtés et les angles antérieurs assez fortement, les postérieurs légèrement arrondis ; couvert de poils couchés, fauves ; convexe ; finement ponctué ; d'un noir de poix brillant, avec les côtés quelquefois plus clairs.

Ecusson en cœur allongé, couleur de poix, assez densement ponctué.

Elytres près de trois fois plus longues que le prothorax, légèrement arrondies sur les côtés ; un peu plus larges vers leur milieu, sensiblement rétrécies en arrière et légèrement arrondies à l'angle sutural ; couvertes d'une ponctuation rugueuse et oblique, plus forte que celle du prothorax ; garnies d'une pubescence assez longue et jaunâtre ; convexes ; d'un ferrugineux brillant, avec la région scutellaire et quelquefois l'extrémité obscurcies ; marquées d'une strie suturale, obsolète en avant, plus profonde et plus rapprochée de la suture en arrière.

Dessous du corps rugueux, ponctué, d'un noir de poix avec l'anus ferrugineux.

Pieds pubescents, d'un ferrugineux assez clair ainsi que les hanches.

Tarses intermédiaires et postérieurs allongés.

Patrie. Lyon, Heyrieux, Néris. Rare.

Obs. Cette espèce, par la forme du huitième article des antennes, rentre évidemment dans le genre *Catopsimorphus* Aubé (Ann. soc. ent. T. 8. p. 524, pl. 11, f. 1, 1850). Elle semble différer du *C. orientalis* Aub. par sa taille un peu plus petite, par sa tête plus fortement ponctuée, et surtout par ses antennes plus longues, à articles peu ou point transversaux.

DESCRIPTION

DE TROIS ESPÈCES NOUVELLES DU GENRE

ANOBIUM (DRYOPHILUS), Chevrolat,

PAR

E. MULSANT et Cl. REY.

(Présentée à la Société Linnéenne de Lyon , le 9 août 1852.)

---

1. Anobium longicolle.

Elongatum, subcylindricum, parùm nitidum, pube luteâ-sericans ; fusco-ferrugineum, antennis pedibusque dilutioribus, oculis solis nigris ; scutello densiùs albido-pubescente; interstitiis striarum parciùs punctatis ; antennarum articulis intermediis subelongatis ; thorace oblongo.

Long. 0^m,002 à 0^m,003 (1 à 1 1/2 l.)

♂ *Antennes* beaucoup plus longues que la moitié du corps, à trois derniers articles très-grands; les neuvième et dixième , pris ensemble, égalant les sept précédents réunis. *Yeux* très-saillants. *Tête* et *Prothorax* obscurs avec le sommet de ce dernier ferrugineux. *Prothorax* subdéprimé, sensiblement étranglé à son tiers antérieur, marqué au milieu du tiers postérieur du disque d'un petit tubercule ou carène courte , de chaque côté de laquelle se trouve une large fossette plus ou moins profonde. *Elytres* sublinéaires, légèrement rétrécies au milieu, subdéprimées vers la région scutellaire , quatre fois plus longues que le prothorax.

♀ *Antennes* de la longueur de la moitié du corps , à trois

derniers articles d'une moitié moins grands que dans le ♂, égalant, pris ensemble, les sept précédents réunis. *Yeux* médiocrement saillants. *Tête* et *Prothorax* entièrement ferrugineux. *Prothorax* longitudinalement convexe, très-légèrement comprimé antérieurement sur les côtés, élevé à la base en forme de carène très-obsolète, de chaque côté de laquelle se trouve un sillon oblique peu apparent. *Elytres* en ovale allongé, régulièrement convexes, non rétrécies au milieu, trois fois et demie plus longues que le prothorax.

Corps allongé, peu brillant, subcylindrique, ponctué, convexe, couvert d'une pubescence soyeuse et jaunâtre.

Tête transversale, convexe, garnie de poils jaunâtres et brillants, assez serrés; couverte d'une ponctuation assez forte et rugueuse; d'un ferrugineux plus ou moins obscur. *Vertex* marqué d'un très-court sillon, souvent caché sous le bord antérieur du prothorax. *Yeux* grands, noirs.

Antennes pubescentes, à premier article plus épais que les suivants, en massue un peu arquée; le deuxième subcylindrique, un peu plus long que le suivant; les troisième à huitième subcylindriques, un peu plus longs que larges, presque égaux; les trois derniers très-allongés, un peu plus épais que les précédents; le dernier un peu plus long que le neuvième, le dixième sensiblement plus court que le précédent et que le suivant; entièrement d'une couleur ferrugineuse plus ou moins claire.

Prothorax beaucoup plus étroit que les élytres, plus long que large, un peu rétréci en avant, obliquement tronqué au sommet, légèrement arrondi sur les côtés et au milieu de la base; celle-ci sinueuse et impressionnée près des angles postérieurs; ceux-ci presque droits, les antérieurs nuls; couvert d'une ponctuation assez forte et rugueuse; ferrugineux ♀, ou obscur avec la partie antérieure ferrugineuse ♂; peu brillant et garni d'une pubescence soyeuse et jaunâtre, plus serrée au milieu, en avant et près des angles postérieurs.

Ecusson arrondi, couvert d'un duvet serré, blanchâtre.

Elytres allongées, arrondies au sommet, marquées de dix stries ponctuées et du commencement d'une onzième à la base vers l'écusson ; les deux suturales et les deux latérales postérieurement plus profondes et réunies une à une ; les intervalles planes, parcimonieusement et rugueusement ponctués, mais beaucoup plus légèrement que la tête et le prothorax ; un peu brillantes, entièrement d'un ferrugineux plus ou moins obscur avec la base ordinairement plus claire ; garnies de poils brillants, jaunâtres, plus fins, plus longs et moins serrés que ceux de la tête et du prothorax. Epaules saillantes.

Dessous du corps finement ponctué, d'un noir de poix brillant avec l'extrémité du ventre plus ou moins ferrugineuse ; le bord apical des deuxième, troisième et quatrième segments ventraux cilié de poils jaunâtres.

Pieds finement pubescents, d'un ferrugineux assez clair.

Patrie : La Provence. Février et mars. Assez commun sur le *Pin pignon* (*Pinus pinea* Lin.) et sur le *Genévrier cade* (*Juniperus oxicedrus* L.).

Var. Les élytres sont quelquefois entièrement ferrugineuses, et d'autres fois obscurcies sur leur disque avec la base toujours plus claire.

Obs. Cette espèce diffère de l'*Anobium pusillum*. Gyl. par sa forme plus allongée, plus étroite ; par sa couleur moins obscure ; par sa pubescence jaunâtre, plus serrée et plus longue ; par son prothorax plus inégal et beaucoup plus long ; par les stries des élytres moins fines et plus fortement ponctuées, à intervalles couverts d'une ponctuation bien moins serrée ; et enfin par ses antennes dont le deuxième article est proportionnellement plus allongé, et dont les trois derniers sont plus épais que les précédents, ceux-ci étant plus grèles que dans l'*A. pusillum*.

2. Anobium compressicorne.

Elongatum, subcylindricum, opacum, pube tenuissimâ albidâ-sericans ; nigrum, elytrorum prothoracisque apice summo, humeris, antennis, ore pedibusque fusco-ferrugineis ; scutello densiùs albido-pubescente ; interstitiis striarum densè punctatis ; antennarum articulis intermediis contiguis.

Long. 0^m,0023 à 0^m.0033 (1 à 1 1/2 l.)

♂ *Antennes* presque aussi longues que le corps ; à neuvième, dixième et onzième articles très-grands et assez fortement comprimés ; le neuvième aussi long que les sept précédents réunis. *Yeux* très-saillants. *Prothorax* légèrement étranglé antérieurement ; légèrement convexe et muni au milieu de son tiers postérieur d'une espèce de carène courte, de chaque côté de laquelle se trouve une large fossette oblique et ovale.

♀ *Antennes* à peine de la longueur de la moitié du corps ; à neuvième, dixième et onzième articles d'une moitié moins grands que dans le ♂, légèrement comprimés ; le neuvième, seulement, de la longueur des quatre précédents réunis. *Yeux* médiocrement saillants. *Prothorax* régulièrement convexe et égal.

Corps allongé, opaque, subcylindrique, rugueux, couvert d'un court duvet blanchâtre.

Tête transversale, convexe, couverte d'une ponctuation assez forte et rugueuse, et marquée sur le vertex d'un sillon très-court ; d'un noir opaque avec les *parties de la bouche* ferrugineuses. *Yeux* grands, noirs.

Antennes pubescentes : à premier article dilaté en dedans ; le deuxième subcylindrique, plus court et plus grêle que le premier ; le troisième, pas plus long que large, un peu plus grêle et beaucoup plus court que le précédent ; les quatrième à huitième serrés, légèrement transversaux ; les trois derniers beaucoup plus allongés et plus épais que les précédents ; le dixième plus

2

court que le précédent, et le suivant et le dernier un peu plus
long que le neuvième ; entièrement ferrugineuses, avec les premier, neuvième, dixième et onzième articles des ♂ quelquefois
obscurcis.

Prothorax plus étroit que les élytres, un peu plus long que
large, rétréci en avant, obliquement tronqué au sommet, légèrement arrondi sur les côtés et au milieu de la base ; celle-ci légèrement sinueuse et impressionnée près des angles postérieurs ;
ceux-ci obtus, les antérieurs nuls ; couvert d'une ponctuation
serrée, assez forte et rugueuse ; d'un noir opaque, avec le bord
antérieur ferrugineux.

Ecusson arrondi, couvert d'un duvet très-serré et blanchâtre.

Elytres trois fois et demie plus longues que le prothorax,
arrondies au sommet, marquées de dix stries assez finement ponctuées et du commencement d'une onzième vers l'écusson ; les deux
latérales et les deux suturales postérieurement plus profondes et
réunies une à une ; les intervalles plans, finement et densement
ponctués ; d'un noir opaque avec le calus huméral, le bord apical
et quelquefois la partie postérieure du bord latéral d'un ferrugineux plus ou moins obscur. Epaules saillantes.

Dessous du corps rugueusement ponctué, noir, soyeux, avec
les deuxième, troisième et quatrième segments ventraux densement ciliés de poils grisâtres, à leur bord postérieur.

Pieds pubescents, d'un ferrugineux plus ou moins obscur.

Patrie: Mont-Pilat (Loire), Avenas (Rhône), mai, juin, sur le
Pin sauvage (*Pinus sylvestris*, Lin.) Assez rare.

Var. Les élytres sont quelquefois entièrement d'un brun ferrugineux.

Obs. Cette espèce ressemble beaucoup à l'*Anobium pusillum*,
Gyl. Elle en diffère néanmoins par son écusson densement couvert de poils blanchâtres ; par son prothorax moins court, et surtout par la conformation de ses antennes dont les troisième à
huitième articles sont beaucoup plus serrés et plus courts, et dont

les trois derniers sont plus allongés, plus épais et plus comprimés. Elle se distingue de l'*Anobium longicolle*, par la structure de ses antennes, par sa pubescence moins longue, et par sa couleur plus obscure.

3. **Anobium rugicolle.**

Oblongo-ovatum, subcylindricum, parùm nitidum, tenuiter pube albidâ holosericeum ; nigrum, prothoracis et elytrorum apice, humerisque rufo-piceis ; antennis, ore pedibusque ferrugineis ; prothorace basi carinato, brevi ; striarum interstitiis parcè punctatis ; antennis basi pube tenui longiore hirsutis ♀ .

Long. 0^m,00225 (1 à 1 1/4 l.).

Corps ovale, oblong, subcylindrique, peu brillant ; couvert d'une pubescence blanchâtre.

Tête transversale ; convexe ; couverte d'une ponctuation forte et rugueuse ; garnie d'un léger duvet soyeux, blanchâtre ; d'un noir opaque, avec les *parties de la bouche* ferrugineuses. *Yeux* grands, saillants, noirs.

Antennes de la longueur de la moitié du corps ; à premier article en massue : le deuxième un peu plus long que les suivants : les troisième à huitième presque égaux, un peu serrés, pas plus longs que larges : les trois derniers allongés, égalant, pris ensemble, tous les précédents réunis : le dixième un peu plus court que le précédent et le suivant : le onzième un peu plus long que le neuvième : celui-ci égalant les trois précédents réunis : entièrement d'un ferrugineux clair, et garnies, surtout à la base, d'une pubescence fine, assez longue.

Prothorax un peu plus étroit que les élytres ; plus court que large ; obliquement tronqué au sommet, arrondi sur les côtés et au milieu de la base : celle-ci légèrement sinueuse et impressionnée près des angles postérieurs : ceux-ci et les antérieurs très-obtus ou légèrement arrondis ; garni de poils rares, fins et soyeux ; couvert de points assez forts et rugueux, souvent anastomosés, de manière à former des rides longitudinales ; d'un noir opaque, avec le bord antérieur d'un roux de poix ; marqué à la base d'une petite carène longitudinale occupant le tiers de la longueur.

Ecusson arrondi, ponctué, noir.

Elytres trois fois et demie plus longues que le prothorax ; arrondies au sommet ; marquées de dix stries ponctuées et du commencement d'une onzième, vers l'écusson ; à intervalles plans, couverts d'une ponctuation rare et obsolète, comme écailleuse, ce qui les fait paraître réticulées ; garnies d'une pubescence blanchâtre et soyeuse, peu serrée ; d'un noir un peu brillant, avec le bord apical et le calus huméral d'un roux de poix : celui-ci assez saillant.

Dessous du corps rugueusement ponctué ; noir ; finement pubescent, avec le bord apical des deuxième, troisième et quatrième segments ventraux, densement cilié de poils blanchâtres.

Pieds pubescents ; d'un ferrugineux clair.

Patrie : Lyon, sur le chêne. Rare ♀.

Obs. Cette espèce, très-voisine de l'*Anobium pusillum*, s'en distingue cependant par les intervalles des stries moins ponctués, par la carène de son prothorax, par la couleur plus claire des pattes et des antennes, et enfin par la structure de celles-ci, dont les articles intermédiaires sont un peu plus courts et plus serrés.

DESCRIPTION

D'UN GENRE NOUVEAU

DE LA FAMILLE

DES BYRRHIENS,

PAR

E. MULSANT et Cl. REY.

(Présentée à la Société Linnéenne de Lyon, le 9 août 1852.)

GENRE **BOTHRIOPHORUS**.

(Βόθριον, petite fosse).

Prosternum anticè latiùs emarginatum.

Labium non obtectum.

Thorax anticè utrinquè profundè fossulatus.

Antennæ basi incrassatæ, apice clavatæ, clavâ triarticulatâ, in thoracis fossulâ anticâ receptâ.

Femora recepta; tibiæ graciles; tarsi liberi.

Corps subhémisphérique, convexe.

Tête inclinée. *Lèvre* non cachée par le prosternum. *Mâchoires* et *yeux* cachés.

Antennes de onze articles : les deux premiers très-dilatés : les trois derniers en bouton : le dernier globuleux, très-grand.

Prothorax transversal ; creusé, près des angles antérieurs, de deux fossettes profondes, destinées à loger le bouton des antennes.

Ecusson allongé, triangulaire.

Elytres convexes, un peu atténuées postérieurement.

Prosternum largement échancré en avant, postérieurement rétréci en pointe arrondie, dont le sommet est reçu dans une échancrure assez légère du mésosternum.

Pieds assez distants. *Cuisses* logées dans une fossette de la poitrine. *Tibias* assez grêles. *Tarses* libres, assez courts.

Obs. Ce genre est comme intermédiaire entre les *G. Syncalypta* Er. et *Limnichus*. Latr. Il diffère du premier par ses tarses libres et ses tibias non comprimés : du deuxième par ses antennes en bouton : de tous les deux par ses fossettes prothoraciques, par ses antennes dilatées à la base, et par son prosternum moins avancé vers la tête, largement échancré, et laissant la lèvre plus ou moins à découvert.

B. atomus.

Oblongo-subhemisphæricus, niger, subopacus, breviter cinereo-holosericeus, subtilissimè alutaceus ; pedibus antennisque piceis, capitulo fusco, apice albido-piloso.

Long. 0^m,00075 (1/4 l.)

Corps subhémisphérique, un peu rétréci postérieurement ; couvert d'un léger duvet cendré.

Tête convexe, inclinée, engagée dans le prothorax, d'un noir opaque, finement chagrinée. *Yeux* et *mandibules* cachés.

Antennes plus courtes que la tête et le prothorax réunis ; d'une couleur de poix avec la massue obscure ; à premier et deuxième article fortement dilatés : le deuxième, deux fois plus court et plus étroit que le précédent : les quatrième à huitième plus grêles que le troisième, presque égaux : les trois derniers en massue ovale : les neuvième et dixième fortement transversaux : le dernier, très-grand, globuleux, garni au sommet de poils blanchâtres.

Prothorax quatre fois plus large que long, postérieurement de la largeur des élytres, deux fois plus étroit en avant ; échancré au sommet ; bissinueux à la base ; finement chagriné ; d'un noir peu brillant.

Ecusson en triangle allongé ; noir; très-finement chagriné.

Elytres très-convexes; quatre fois plus longues que le prothorax; fortement arrondies sur les côtés, légèrement atténuées en arrière ; d'un noir peu brillant; finement chagrinées; pubescentes.

Poitrine d'un noir brillant; presque glabre et presque lisse.

Ventre d'un noir opaque ; couvert d'un duvet cendré; finement chagriné.

Pieds très-légèrement pubescents ; couleur de poix, avec les trochanters plus ou moins ferrugineux.

Patrie : Hyères. Mars, avril, parmi les détritus au bord des marais.

Obs. Cette espèce est deux fois plus petite et surtout beaucoup plus ramassée que le *Limnichus pygmœus*, Sturm.

OBSERVATIONS

SUR

QUELQUES ESPÈCES DE COLÉOPTÈRES

DU GENRE **DORCADION**,

PAR

E. MULSANT.

(Présentées à l'Académie des sciences, belles-lettres et arts de Lyon ,
le 25 janvier 1853.)

De tous les Genres dont se compose la nombreuse Tribu des
Longicornes, celui de *Dorcadion* semble un des plus hérissés de
difficultés pour la séparation des espèces, soit à cause des caractères parfois assez légers servant à les distinguer les unes des
autres, soit en raison des différences remarquables que présente
souvent la robe des deux sexes.

M. Chevrolat, dont la collection s'est enrichie de tous les Longicornes possédés naguère par feu le comte Dejean, nous promet,
sur cette Tribu, un catalogue synonymique qui servira sans doute
à aplanir ou à faire disparaître quelques difficultés. En attendant, grâces à la complaisance avec laquelle ce savant veut
bien me confier ses richesses entomologiques, j'ai pu faire, sur
certaines espèces, diverses observations qui contribueront peut-être
à rendre leur reconnaissance plus facile.

J'ai fait connaître, dans le temps, le *Dorcadion meridionale,*
d'après un certain nombre d'exemplaires reçus de Solier, à qui

l'on doit, je crois, la découverte de cet insecte ; mais près de lui, viennent aujourd'hui se ranger deux autres espèces, ayant avec celle-là tant d'analogie, qu'il est utile de donner la description de toutes les trois, pour rendre plus sensibles les différences qui les séparent.

Dorcadion meridionale.

Noir. Prothorax garni d'un duvet cendré peu apparent, marqué de points assez petits, médiocrement rapprochés, séparés par des intervalles pointillés. Ecusson bordé de blanc. Elytres revêtues d'un duvet velouté noir ou noir brun ; parées chacune d'une bordure suturale, d'une bordure externe moins large couvrant le rebord, d'une autre joignant le rebord un peu moins étroite que ce dernier surtout postérieurement, et de deux lignes longitudinales naissant de la base, d'un duvet blanc : l'externe, humérale, postérieurement dilatée, prolongée jusqu'à l'extrémité, où elle s'unit à la marginale : l'autre, dépassant à peine les deux cinquièmes ou la moitié.

Dorcadion meridionale, Dej. inéd. —Muls. Hist. Nat. des Col. de Fr. (Longicornes), p. 125. — Küster, Kaef. 8. 81.

Long. 0,0135 à 0,0180 (6 à 8 l.) larg. 0,0051 à 0,0067 (2 1/4 à 3 l.).

Corps noir. *Tête* garnie d'un duvet cendré ; marquée de points médiocrement ou peu rapprochés, plus petits sur la partie antérieure, plus gros sur le vertex ; rayée longitudinalement sur son milieu d'une ligne parfois peu distinctement prolongée jusqu'au prothorax. *Antennes* noires, duveteuses ; troisième à cinquième ou sixième anneaux, cendrés à la base. *Prothorax* ordinairement un peu échancré dans le milieu de son bord antérieur, tronqué ou à peu près à la base ; rebordé à celle-ci ; armé, de chaque côté, d'un tubercule terminé en pointe peu obtuse ; convexe ; offrant sur les côtés de faibles traces de deux lignes transversales interrompues : l'une, vers le cinquième, l'autre, vers les quatre cinquièmes de la longueur ; garni d'un duvet cendré ; marqué de

points assez petits, médiocrement ou peu rapprochés, séparés
par des intervalles pointillés, peu ou point ruguleux; rayé, au-
devant du sillon transversal situé au-devant du rebord basilaire,
d'une ligne longitudinale médiaire courte, à peine égale au quart
de la longueur; ordinairement plus ou moins lisse sur le reste
de la ligne médiane. *Ecusson* paré de chaque côté d'une bordure
assez étroite et parfois enlevée, d'un duvet blanc; d'un noir
lisse sur le reste. *Elytres* d'un cinquième plus larges aux épaules
que le prothorax aux angles postérieurs; faiblement élargies jusqu'aux deux cinquièmes, rétrécies ensuite; médiocrement convexes; revêtues d'un duvet velouté, ordinairement noir ou d'un
noir brun (♂), le plus souvent avec des lignes longitudinales en
zig zag moins obscures (♀); ornées chacune d'une bordure suturale
près d'une fois plus large, vers le tiers de la longueur, que le
rebord externe, d'une bordure couvrant ce dernier, d'une autre
joignant ce rebord et sensiblement plus large que lui surtout postérieurement, et de deux lignes longitudinales naissant de la base,
ornées d'un duvet blanc : la ligne externe, humérale , près d'une
fois plus large en devant que la bordure suturale, sensiblement
dilatée postérieurement, prolongée jusqu'à l'extrémité, où elle
s'unit à la bordure externe : l'autre ligne, située entre l'humérale
et la bordure suturale, prolongée environ jusqu'aux deux cinquièmes (♂) ou à la moitié (♀) de la longueur des étuis; très-
parcimonieusement marquées vers la base de la ligne humérale et
en dehors de celle-ci, de points râpeux. *Dessous du corps* et
Pieds pointillés; garnis d'un duvet cendré médiocrement épais.
Métasternum rayé longitudinalement d'un sillon graduellement
plus profond postérieurement. *Jambes intermédiaires* garnies
d'un duvet d'un brun roux ou fauve roussâtre à l'échancrure
de leur arête externe. *Tarses* fauves ou d'un fauve roussâtre
en dessous.

J'ai pris cette espèce dans différentes parties des Basses-Alpes,
du Var et des Bouches-du-Rhône.

Dorcadion monticola.

Noir. Prothorax presque glabre, marqué de points médiocrement petits, assez rapprochés, séparés par des intervalles ruguleux et finement ponctués. Ecusson largement bordé de blanc. Elytres revêtues d'un duvet velouté brun ou d'un noir brun ; parées chacune d'une bordure suturale , d'une bordure externe moins large couvrant le rebord, d'une autre joignant le rebord à peu près de la même largeur que lui, et de deux lignes longitudinales naissant de la base, d'un duvet blanc : l'externe, humérale , à peu près uniforme, prolongée presque jusqu'à l'extrémité, isolée de la bordure externe : l'autre , dépassant à peine le quart ou les deux cinquièmes.

Long. 0,0135 à 0,0157 (6 à 7 l.). Larg. 0,0045 à 0,0056 (2 à 2 1/2 l.).

Corps noir. *Tête* garnie d'un duvet cendré sur la partie antérieure, presque glabre sur la postérieure, marquée de points moins gros et plus distants les uns des autres sur la première que sur la seconde; rayée longitudinalement sur le milieu d'une ligne étroite, prolongée depuis le vertex jusqu'au labre. *Antennes* noires; garnies d'un duvet noir ou brun : troisième à cinquième ou sixième anneaux, cendrés à la base. *Prothorax* tronqué ou faiblement échancré au bord antérieur, tronqué à la base; rebordé à celle-ci; armé de chaque côté d'un tubercule terminé en pointe obtuse; convexe; offrant à peine sur les côtés les traces de deux lignes transversales interrompues : l'une vers le cinquième ou le quart, l'autre vers les quatre cinquièmes de la longueur : presque glabre ou garni d'un duvet peu apparent; marqué de points médiocrement petits, assez rapprochés, séparés par des intervalles ruguleux, finement mais distinctement pointillés; offrant sur la ligne médiane une trace lisse, à peine saillante, des deux cinquièmes aux trois quarts. *Ecusson* paré de chaque côté d'une bordure d'un duvet blanc, qui ne laisse ordinairement que la ligne médiane glabre et d'un noir lisse. *Elytres* d'un sixième ou d'un cinquième plus larges aux épaules que le prothorax à ses angles postérieurs; faiblement élargies jusqu'aux deux cinquièmes, rétrécies ensuite;

médiocrement convexes; revêtues d'un duvet velouté , ordinairement noir ou d'un noir brun (♂), souvent brun ou d'un brun noir, avec des lignes longitudinales en zig-zag moins obscures (♀); ornées chacune d'une bordure suturale faiblement plus large que le rebord externe, d'une bordure sur ce dernier, d'une autre joignant celui-ci et à peu près aussi large que lui, et de deux lignes longitudinales naissant de la base, formées d'un duvet blanc : la ligne externe, humérale, une fois environ plus large dans son milieu que la bordure suturale, à peine rétrécie à ses extrémités, prolongée jusqu'aux onze douzièmes de la longueur, isolée de la bordure suturale : l'autre ligne, située entre l'humérale et la bordure suturale, prolongée jusqu'au quart ou aux deux cinquièmes de la longueur des étuis; marquée sur la ligne humérale et en dehors de celle-ci , de points râpeux ou de très-petits tubercules. *Dessous du corps* et *Pieds* pointillés, garnis d'un duvet cendré médiocrement épais. *Métasternum* rayé longitudinalement d'une ligne très-apparente. *Jambes intermédiaires* garnies d'un duvet brun sur l'échancrure de leur arête externe. *Tarses* fauves en dessous.

Cette espèce a été prise dans le département de la Lozère par M. Ecoffet.

Obs. Elle a beaucoup d'analogie avec le *D. meridionale*. Elle s'en distingue par une taille ordinairement un peu moins grande ; par la tète et surtout le prothorax garnis d'un duvet cendré moins épais, moins apparent; par le prothorax marqué de points plus rapprochés , séparés par des intervalles plus sensiblement ruguleux et moins finement pointillés ; par l'écusson ordinairement plus largement rebordé de blanc ; par les bordures et lignes blanches des élytres plus étroites , par la bordure juxta-marginale à peine plus large que le rebord , surtout par la ligne humérale ni dilatée postérieurement, ni liée à la bordure externe ; enfin par le mésosternum moins profondément rayé.

Dorcadion navaricum.

Noir. Prothorax glabre , couvert de points gros et contigus, séparés par des intervalles rugueux et imponctués. Écusson garni de poils blancs peu épais, isolés des bords latéraux et de la ligne médiane. Élytres revêtues d'un duvet velouté noir ou d'un noir brun , parées chacune d'une bordure suturale, d'une bordure externe à peu près d'égale largeur couvrant le rebord, d'une autre joignant ce dernier et plus étroite que lui, et de deux lignes longitudinales naissant de la base, d'un duvet blanc : l'externe, humérale , à peine plus large que la suturale, uniforme , prolongée presque jusqu'à l'extrémité, isolée de la bordure externe : l'autre, dépassant à peine les deux cinquièmes.

Dorcadion navaricum, DEJ. Inéd. Catal. (1837) p. 372 (suivant l'exemplaire typique existant entre les mains de M. Chevrolat.)

Long 0,0155 (6 l.). Larg. 0,0045 (2 l.).

Corps noir. *Tête* garnie de poils peu apparents et marquée de points moins gros sur sa partie antérieure ; glabre, rugueuse, et marquée de points plus gros sur le vertex ; ornée autour des yeux de points cendrés souvent épilés ; rayée d'une ligne longitudinale médiaire, étroite, plus ou moins visible, depuis le vertex jusqu'à l'épistome. *Antennes* noires, garnies d'un duvet brun ou noir brun : troisième à cinquième ou sixième anneaux cendrés à la base. *Prothorax* ordinairement un peu échancré ou entaillé en angle très-ouvert au bord antérieur, tronqué et rebordé à la base ; armé, de chaque côté, d'un tubercule terminé en pointe peu obtuse ; convexe ; offrant, sur les côtés , de légères traces de deux lignes transversales interrompues : l'une, vers le quart ou le cinquième, l'autre vers les quatre cinquièmes de la longueur : glabre ; couvert de points assez gros et contigus, séparés par des intervalles rugueux et impointillés ; offrant sur la ligne médiane une trace lisse et ordinairement élargie , légèrement saillante vers les trois quarts.

Ecusson, noir, luisant; garni de poils blancs peu épais, constituant une ligne isolée des côtés et paraissant continuer la bordure suturale, mais parfois plus ou moins usée. *Elytres* d'un cinquième ou d'un sixième plus larges à la base que le prothorax à ses angles postérieurs; faiblement élargies jusqu'aux deux cinquièmes, rétrécies ensuite; médiocrement convexes; revêtues d'un duvet velouté, ordinairement noir ou d'un noir brun (♂), ou d'un noir brun, avec des lignes longitudinales onduleuses moins obscures (♀); ornées chacune d'une bordure suturale à peine plus large que le rebord externe, d'une bordure sur ce dernier, d'une bordure plus étroite joignant ce rebord, et de deux lignes longitudinales naissant de la base, formées d'un duvet blanc : la ligne externe, humérale, à peine moins étroite que la bordure suturale, à peu près uniforme, prolongée presque jusqu'à l'extrémité (jusqu'aux onze douzièmes environ), sans s'unir à la bordure externe : l'autre ligne, située entre l'humérale et la bordure suturale, prolongée en se rétrécissant jusqu'au tiers ou à peine aux deux cinquièmes de la longueur des étuis. *Dessous du corps* et *Pieds* pointillés; garnis d'un duvet cendré ou cendré blanc, médiocrement épais. *Mésosternum* rayé longitudinalement dans son milieu d'une ligne légère. *Jambes intermédiaires* garnies d'un duvet d'un brun roussâtre avant l'échancrure ou vers l'échancrure de leur arête externe : *jambes postérieures* garnies en dessous d'un duvet d'une teinte analogue, mais moins vive.

Patrie : la Navarre.

Obs. Cette espèce se distingue facilement de *D. meridionale* par son prothorax glabre, par les bordures et lignes blanches des élytres plus étroites, surtout par la ligne humérale non liée postérieurement à la bordure externe, par le mésosternum faiblement rayé longitudinalement. Elle s'éloigne du *D. monticola*, par son prothorax glabre; par les bordures et lignes des

élytres un peu plus étroites, par la juxta-marginale un peu plus
étroite que le rebord ; par la ligne dorsale ordinairement un
peu plus courte ; elle se distingue enfin des deux espèces précédentes par sa tête et surtout par son prothorax plus rugueux,
marqué de points plus gros, plus rapprochés et séparés par des
intervalles impointillés ; par les lignes duveteuses blanches de
l'écusson isolées des bords latéraux.

———

Quand je décrivis le *Dorcadium Donzeli* (Hist. nat. des Coléopt.
de Fr. *Longicornes* p. 129), n'ayant en ma possession qu'un
petit nombre d'exemplaires de cet insecte, j'étais presque tenté de
le considérer comme une variété du *D. lineola* ILLIG. (*molitor*,
OLIV.) avec lequel il a beaucoup d'analogie. Une étude plus ap-
profondie de cette espèce, me porte aujourd'hui à la considérer
comme parfaitement distincte. Elle s'éloigne du *D. lineola* par
sa taille un peu plus grande ; par la couleur foncière du dessus de
son corps moins foncée ou comme poudrée de blanc ; par les bordures ou lignes blanches plus larges, d'une nuance moins pure,
c'est-à-dire d'un blanc sale ou flavescent ; par le front paré de chaque côté de la raie médiane, d'une bordure blanche très-étroite,
et d'un brun fauve entre celle-ci et la bordure des yeux qui est
plus large et d'un blanc cendré ; par la partie postérieure de sa tête,
très-densement couverte de duvet ; par l'occiput soit presque uniformément blanc, soit rayé sur la ligne médiane d'une ligne de
duvet blanc et d'un brun fauve jusqu'au niveau du milieu du bord
postérieur des yeux ; par la ligne médiane et dénudée du prothorax
prolongée jusqu'au rebord de la base ou du moins jusqu'à la raie
transversale qui précède celle-ci ; par l'écusson en demi-cercle, plus
nettement et souvent plus largement noté d'une raie médiaire dénudée ; par les élytres souvent parées d'une ligne étroite, entre la
bande longitudinale naissant de l'épaule et celle qui tire son origine du milieu de la base ; par le prosternum sillonné longitudinalement ; par ses pieds d'un brun rouge.

Dans le *D. lineola* ILLIG. (*molitor*, OLIV.), le devant de la tête est couvert à peu près uniformément d'un duvet blanc, ponctué de noir ; l'occiput est orné, de chaque côté de la ligne médiane assez largement dénudée, d'une bordure de duvet blanc ; le prothorax a les côtés en pointe plus prononcée ; sa ligne médiane dénudée se prolonge à peine au-delà des quatre cinquièmes de la longueur, où elle est postérieurement enclose par la bordure de duvet blanc, qui n'atteint pas le bord postérieur ; l'écusson est le plus souvent triangulaire ; les élytres ne m'ont jamais offert de ligne blanche étroite, entre la bande humérale et la juxta-suturale ; le prosternum au lieu d'être sillonné est au contraire ordinairement chargé d'une ligne saillante ; les pieds sont d'un rouge ou rouge brunâtre pâle.

Les phrases suivantes serviraient à caractériser les espèces :

Dorcadion Donzeli.

Noir ou d'un noir brun, mais revêtu de duvet. Front d'un brun fauve de chaque côté de la ligne médiane. Occiput revêtu d'un duvet épais, soit blanc, soit brun fauve, avec la ligne médiane très-étroitement blanche. Prothorax dénudé sur la ligne médiane à peu près jusqu'au rebord basilaire, paré d'une bordure de duvet blanc de chaque côté de cette ligne. Ecusson en demi-cercle, revêtu d'un duvet blanc, avec la ligne médiane dénudée. Elytres couvertes d'un duvet brun pâle ou souvent comme poudré de blanc ; ornées chacune d'une bordure suturale, d'une marginale et de deux bandes longitudinales d'un duvet blanc : l'une humérale, prolongée jusqu'à l'extrémité : l'autre, naissant du milieu de la base, prolongée jusqu'aux trois quarts (♂), ou quatre cinquièmes (♀), ordinairement presque effacée à partir des deux cinquièmes (♂) ; souvent parées d'une raie étroite et parallèle entre cette bande et l'humérale. Prosternum sillonné longitudinalement.

Dorcadion Donzeli, MULS. Hist. Nat. des Coléopt. de Fr. (Longicornes) p. 129, 6).

Long. 0,0146 à 0,0157 (6 1/2 à 7 l.)

PATRIE : le midi de la France.

Dorcadion lineola ; Illiger.

Noir ou d'un noir brun, mais revêtu de duvet. Front garni d'un duvet blanc; occiput largement dénu té sur la ligne médiane , paré de chaque côté de celle-ci d'une bordure de duvet blanc. Prothorax dénudé sur la ligne médiane jusqu'aux quatre cinquièmes seulement, orné de chaque côté de celle-ci d'une bordure de duvet blanc , enclosant postérieurement la raie dénudée et non prolongée jusqu'à la base. Ecusson ordinairement en triangle , revêtu d'un duvet blanc, avec la ligne médiane dénudée. Elytres couvertes d'un duvet brun chocolat; ornées chacune d'une bordure suturale, d'une marginal·, et chacune de deux bandes longitudinales de duvet blanc : l'une , humérale , prolongée jusqu'à l'extrémité : l'autre , naissant de la moitié de la base , prolongée jusqu'au sixième (♂) , jusqu'aux deux tiers ou trois quarts (♀). Prosternum chargé longitudinalement d'une faible ligne saillante.

Cerambyx molitor, Oliv. Entom. t. 4. n. 67. p. 113. 134. (Suivant l'exemplaire typique existant dans la collection de M. Chevrolat).

Lamia lineola, Illig. Magaz. t. 5. p. 238. 115.

Lamia (Dorcadion) lineola, Schoenh. Syn. Ins. t. 3. p. 400. 214.

Dorcadion lineola, Muls. Hist. Nat. (Longicornes) p. 127. 5.

Long. 0,0112 à 0,0123 (5 á 6 l.).

Patrie : le midi de la France, les environs de Lyon, et diverses localités plus au nord.

————

La variété du *Dorcadion fuliginator* désignée sous le nom de *quadrilineatum,* doit peut-être constituer une espèce particulière sous le nom de *D. mendax* (la qualification de *quadrilineatum* ayant été appliquée à une autre espèce). Le *D. mendax* a le prothorax ordinairement moins court; la ligne médiane de ce dernier segment presque uniformément peu saillante, et ordinairement prolongée jusqu'à la raie transversale située au devant du rebord basilaire; les élytres revêtues d'un duvet brun, et parées d'une bordure juxta-suturale plus longuement prolongée. Suivant M. Chevrolat, il ne se montre guère que vers le mois de mai, tandis que le *D. fuliginator* apparaît dès les premiers beaux

jours. Chez ce dernier, la ligne médiane du prothorax est ordinairement presque nulle vers le quart antérieur de la longueur ,
plus saillante vers les deux tiers, et limitée vers les quatre cinquièmes, par une ligne courte transversale précédant la raie située au
devant du rebord basilaire. Il offre d'ailleurs assez rarement la
ligne étroite interposée entre la bande humérale et la juxta-suturale , et le fond de ses élytres est , alors même , toujours plus
pâle, d'une couleur qui se rapproche de celle du chocolat au
lait.

Obs. Les *D. fuliginator* et *mendax* ne se trouvent ni l'un ni
l'autre dans les environs de Lyon. Les remarques précédentes, qui
méritent confirmation , sont destinées à éveiller l'attention des
Naturalistes des parties plus septentrionales de la France , dans
lesquelles se trouvent ces insectes.

DESCRIPTION

DE

QUELQUES COLÉOPTÈRES

NOUVEAUX OU PEU CONNUS,

DE LA TRIBU DES **BRACHÉLYTRES**,

PAR

E. MULSANT et. CL. REY.

(Présentée à la Société Linnéenne de Lyon, le 9 août 1852.)

Fam. des **ALÉOCHARIENS**.

GENRE **HOMALOTA**. Er.

(1re division).

1. **H. luctuosa.**

Linearis, subdepressa, nigra, nitida, pube griseá sericeo-micans; antennis unoque concoloribus; elytris piceis, pedibus fuscis; thorace tenuissimè obsoletiùs canaliculato, basi impresso; abdomine suprà ferè laevigato.

Long. 0^m,00175 à 0^m,002 (2/3 à 3/4 l.)

Corps linéaire, subdéprimé, noir, brillant, couvert d'une pubescence soyeuse et grisâtre.

Tête suborbiculaire; noire, brillante; presque aussi large que le prothorax, légèrement convexe; couverte sur les côtés de points rares et obsolètes; marquée sur le front d'un sillon longitudinal, plus large et plus prononcé antérieurement. *Mandibules* testacées. *Palpes* obscurs. *Yeux* noirs, gros, assez saillants.

Antennes de la longueur de la tête et du prothorax réunis; légèrement pubescentes, un peu plus épaisses à l'extrémité, entièrement noires; à premier article elliptique, comprimé: le deuxième en cône allongé: le troisième plus court que le précédent; conique : les quatrième à dixième légèrement transversaux : le dernier, ovale, d'une moitié plus long que le précédent.

Prothorax un peu plus étroit que les élytres, presque carré, tronqué au sommet, légèrement arrondi sur les côtés et à la base, largement aux angles antérieurs, les postérieurs obtus; noir brillant, couvert d'une ponctuation très-fine et peu serrée ; subdéprimé et marqué longitudinalement sur le dos d'un sillon souvent obsolète en avant, et élargi en arrière en forme d'impression plus ou moins sentie.

Ecusson triangulaire, finement ponctué.

Elytres un peu plus longues que le prothorax, subdéprimées vers la suture, légèrement déclives sur les côtés, couvertes d'une ponctuation très-fine et assez serrée ; d'un noir de poix, quelquefois plus clair, surtout vers les épaules.

Abdomen linéaire, légèrement convexe; entièrement noir, avec le sixième segment garni à son extrémité d'une étroite membrane blanchâtre; presque lisse, avec les trois premiers segments marqués de quelques points rares et fins ; le sixième légèrement arrondi au sommet.

Dessous du corps noir ; *ventre* lisse, à dernier segment prolongé et arrondi.

Pieds pubescents, d'un testacé obscur.

Patrie : Mont-Pilat, Mont-Dore, montagnes du Lyonnais. Assez rare.

Obs. Cette espèce ressemble beaucoup à l'*Homalota elongatula* Gr. var. c. Er. (*Aleochara teres* Gyl. Ins. succ. T. II. p. 590), et surtout à la variété II. Er. (Spec. staphyl. p. 91); mais elle est constamment plus petite et d'une couleur plus foncée ; les pieds sont aussi plus obscurs, l'abdomen plus lisse, la tête moins convexe, et le front toujours plus ou moins distinctement canaliculé.

2. **H. gagatina.**

*Linearis, subdepressa, subnitida, grisco-scricans, ebenina, pedibus fusco-
testaceis; fronte foveolatâ ; thorace obsoletiùs canaliculato, basi impresso;
abdomine suprà subtilissimè parciùs punctato.*

Long. 0,00250 (1 à 1 1/4 l.).

Corps linéaire, subdéprimé ; assez brillant ; couvert de poils
couchés, cendrés et soyeux.

Tête suborbiculaire, un peu plus étroite que le prothorax, légèrement convexe ; noire, assez brillante, finement mais distinctement ponctuée, et marquée sur le front d'une fossette oblongue.
Mandibules testacées. *Palpes* noirs. *Yeux* grands, assez saillants,
noirs.

Antennes légèrement pubescentes, entièrement noires; un peu
plus longues que la tête et le prothorax réunis ; presque filiformes,
peu ou point épaissies à l'extrémité : à premier article en massue :
les deuxième et troisième en cône allongé, celui-ci plus court que
le précédent : les quatrième à dixième obconiques, guère plus
longs que larges : le dernier, ovale, d'un tiers plus long que l'avant
dernier.

Prothorax un peu plus étroit que les élytres, presque carré,
tronqué au sommet, légèrement arrondi à la base, à côtés presque
droits, avec tous les angles arrondis ; subdéprimé ; noir, assez
brillant, finement et assez densement ponctué ; marqué à sa base
d'une large fossette transversale, et sur le dos d'un sillon longitudinal obsolète, plus apparent en avant.

Ecusson triangulaire, noir, ponctué.

Elytres un peu plus longues que le prothorax, déprimées, couvertes d'une ponctuation fine et serrée ; noires et un peu moins
brillantes que la tête et le prothorax.

Abdomen noir, brillant, couvert d'une pubescence assez longue
et d'une ponctuation fine et peu serrée ; le sixième segment légè-

rement tronqué ou obtusément arrondi ; le cinquième, garni à son bord apical d'une étroite membrane blanchâtre.

Dessous du corps noir, brillant ; *ventre* couvert d'une ponctuation fine et peu serrée ; dernier segment ventral largement arrondi.

Pieds pubescents, d'un testacé obscur.

Patrie. Beaujolais. Très-rare.

Obs. Cette espèce a tout-à-fait le faciès de l'*Homalota vilis* Er., mais elle est un peu plus grande et proportionnellement un peu plus large. Elle s'en distingue en outre par ses antennes plus noires, sa couleur plus brillante, par la ponctuation moins serrée de la tête et du prothorax, et surtout par celle de l'abdomen qui est beaucoup plus lâche. Sa forme plus déprimée, son prothorax plus étroit, ses élytres plus longues, ses antennes plus grêles et son abdomen également ponctué sur tous les segments, sont des caractères suffisants pour empêcher de la confondre avec l'*Homalota nivalis* Ksw.

(2e division.)

3. **H. meridionalis.**

Linearis, subdepressa, subnitida, densiùs cinereo-sericans, nigra, elytris antennisque fuscis ; harum articulo primo pedibusque testaceis ; thorace subquadrato, anticè angustiore, basi impresso canaliculatoque; abdomine confertim punctato, ano piceo.

Long. 0,00225. (1. l.)

♂ ? *Dernier segment ventral* prolongé en triangle arrondi.

♀ ? *Dernier segment ventral* tronqué ou légèrement sinueux au sommet.

Corps linéaire, subdéprimé, assez brillant, couvert d'une pubescence cendrée, soyeuse, assez dense.

Tête orbiculaire, d'un tiers plus étroite que le prothorax, convexe ; finement et obsolètement ponctuée sur les côtés et surtout derrière les yeux, presque lisse sur le front, qui est marqué d'une fossette arrondie ; d'un noir assez brillant, avec les *parties de la bouche* testacées et les *palpes* obscurs. *Yeux* assez grands, noirs, peu saillants.

Antennes pubescentes ; un peu plus longues que la tête et le prothorax réunis, assez grêles, guère plus épaisses vers l'extrémité : à premier article en massue : les deuxième et troisième en cône allongé, celui-ci un peu plus court que le précédent : les quatrième à dixième graduellement plus courts, obconiques : le dernier, ovale, acuminé, de la longueur des deux précédents réunis ; obscures, avec le premier article testacé.

Prothorax presque carré, guère plus étroit que les élytres à leur base, un peu rétréci antérieurement, tronqué au sommet, légèrement arrondi sur les côtés, à la base et aux angles antérieurs : les postérieurs obtus ; d'un noir assez brillant, finement ponctué ; légèrement convexe et marqué à la base d'une impression assez forte et assez large, se continuant quelquefois en mourant jusqu'après le milieu en forme de sillon longitudinal.

Ecusson triangulaire, obscur, densement ponctué.

Elytres un peu plus longues que le prothorax, subdéprimées ; finement et densement ponctuées, d'une couleur de poix plus ou moins obscure et quelquefois testacée.

Abdomen sublinéaire, à côtés très-légèrement arrondis et pilosellés ; couvert d'une ponctuation fine et assez serrée, un peu plus lâche sur les quatrième et cinquième segments ; d'un noir assez brillant, avec le sixième segment et l'extrémité du cinquième couleur de poix : celui-ci bordé au sommet d'une étroite membrane blanchâtre.

Dessous du corps noir, avec le dessous du prothorax, la partie réfléchie des élytres et l'anus d'une couleur de poix ferrugineuse ; *ventre* assez densement ponctué.

Pieds pubescents, testacés.

Var. *B. H. marina. Antennes* entièrement testacées, anus largement d'un ferrugineux clair, fortement pilosellé; quatrième et cinquième segments abdominaux moins ponctués.

Patrie: Hyères. Sous les débris végétaux des marais salés. Avril. Assez commun.

Obs. Cette espèce est très-voisine de l'*H. gemina* Er. dont elle diffère surtout par l'absence des deux fossettes basilaires du prothorax. Elle ressemble aussi à l'*H. elongatula*, dont elle se distingue par son prothorax plus court et sa taille beaucoup moindre.

4 H. subterranea.

Linearis, leviter convexa, nitida, tenuiter sericeo-pubescens, rufo-testacea, capite abdominisque cingulo lato nigris, pedibus antennarumque basi testaceis, his brevibus, apice infuscatis et incrassatis; thorace aequali; abdominis segmentis 4 primis parcé punctatis, 5° laevi, 6° iterùm punctulato.

Long. 0ᵐ,00225 (1 à 1 1/4 l.).

♂ *Sixième segment abdominal* terminé en son milieu par deux tubercules arrondis, et de côté par deux dents aiguës et intérieurement recourbées, un peu plus longues que les tubercules.

♀ *Sixième segment abdominal* simple et largement arrondi.

Corps linéaire, légèrement convexe, couvert d'une pubescence fine, cendrée, soyeuse, peu serrée.

Tête suborbiculaire, assez engagée dans le prothorax, d'un quart moins large que celui-ci; presque lisse et subdéprimée sur le front; légèrement ponctuée derrière les yeux; d'un noir brillant, avec *les parties de la bouche* testacées. *Yeux* gros, noirs, assez saillants.

Antennes fortement pilosellées; à peine de la longueur de la tête et du prothorax réunis, sensiblement plus épaisses à l'extrémité; à premier article en massue : les deuxième et troisième presque égaux, coniques, celui-ci plus grêle que le précédent : les

quatrième et cinquième un peu plus larges que longs , lenticu-
laires : les sixième à dixième graduellement plus épais , transversaux et contigus : le dernier, ovale , de la longueur des deux précédents réunis ; les trois premiers articles testacés , les autres
obscurs avec leur articulation plus claire.

Prothorax transversal , guère moins large que les élytres ,
d'un tiers plus court que large, tronqué au sommet; à côtés, base
et angles légèrement arrondis, les antérieurs infléchis ; légèrement convexe, égal; finement ponctué, d'un roux testacé, brillant.

Ecusson triangulaire, densement ponctué, d'un roux testacé.

Elytres un peu plus longues que le prothorax , légèrement
convexes; finement et densement ponctuées ; entièrement d'un
testacé ferrugineux , avec la partie réfléchie et la région scutellaire quelquefois un peu plus obscures.

Abdomen sublinéaire , très-légèrement arrondi sur les côtés;
d'un roux ferrugineux brillant, avec les troisième et quatrième
segments et la base du cinquième noirâtres : les deux premiers
transversalement et sensiblement déprimés à leur base : les quatre premiers et le sixième parcimonieusement ponctués , le
cinquième presque lisse.

Dessous du corps ferrugineux , avec le milieu du ventre noir
et le bord apical des segments plus ou moins testacé; *ventre* ponctué à la base, presque lisse au sommet.

Pieds pubescents , testacés. *Tarses* courts.

Patrie : Hyères. Avril , sous les pierres en compagnie de
fourmis.

Obs. Cette espèce voisine de l'*H. analis* Er. s'en distingue
aisément par sa taille beaucoup plus forte, sa couleur plus claire,
par son prothorax sans impression , et surtout par son abdomen
moins ponctué.

5. **M. Laevicollis**.

*Latiuscula , subdepressa , sublaevigata , nitidissima , parciùs se-
riceo-pubescens , lateribus fusco-pilosella , nigra , elytrorum disco
anoque piceo-testaceis ; antennis rufis , harum basi pedibusque testaceis ; abdomine basi parciùs punctato , apice laevi , tarsis elongatis.*

Long. 0^m,00325 (1 1/2 à 1 3/4 ligne).

♂ *Sixième segment abdominal* ayant au milieu du bord apical une petite échancrure semi-circulaire , limitée de chaque côté
par une lame subtridentée ; les dents obtuses , l'extérieure plus
prononcée.

♀ *Sixième segment abdominal* fortement sinueux ou échancré
à son extrémité.

Corps assez large , légèrement convexe , très-brillant, couvert
d'une pubescence cendrée , soyeuse et peu serrée.

Tête orbiculaire , d'une moitié moins large que le prothorax, convexe , lisse , d'un noir très-brillant avec les *parties de
la bouche* testacées. *Yeux* moyens , noirs , peu saillants.

Antennes légèrement pubescentes , sensiblement plus longues
que la tête et le prothorax réunis , un peu plus épaisses à l'extrémité ; à premier article en massue ; les deuxième et troisième
allongés: celui-ci aussi long que le premier et un peu plus long que
le deuxième ; les quatrième à dixième en cône tronqué , presque
égaux , graduellement plus épais; le dernier, ovale , acuminé,
presque aussi long que les deux précédents réunis ; d'un roux
ferrugineux avec les deux premiers articles plus clairs.

Prothorax transversal , d'une moitié plus large que long , rétréci en arrière , beaucoup moins large que les élytres , tronqué
au sommet et légèrement arrondi à la base ; à côtés largement
arrondis en avant et presque droits dans les deux tiers postérieurs;
à angles antérieurs arrondis , les postérieurs obtus ; légèrement
convexe; d'un noir très-brillant; lisse ou paraissant couvert

d'une ponctuation lâche et très-fine, due à l'insertion des poils soyeux dont il est parsemé ; garni sur les côtés de longs poils obscurs.

Ecusson triangulaire, d'un noir de poix, assez densement ponctué.

Elytres larges, à peine aussi longues que le prothorax, sub-déprimées; assez densement mais légèrement ponctuées; d'un brun de poix très-brillant, avec leur disque ordinairement plus clair, ou bien d'une couleur de poix testacée, avec les côtés, la base, les épaules et la région scutellaire plus obscurs ; portant latéralement deux ou trois longs poils obscurs.

Abdomen assez large, un peu rétréci au sommet ; d'un noir brillant, avec le sixième segment et le bord apical du cinquième d'une couleur de poix testacée ; ayant les trois premiers segments et la base du quatrième légèrement et parcimonieusement ponc-tués : l'extrémité du quatrième, les cinquième et sixième lisses ou presque lisses ; garni postérieurement sur les côtés et à l'anus de long poils obscurs.

Dessous du corps d'un noir brillant, avec l'anus d'une couleur de poix testacée. *Ventre* parcimonieusement et légèrement ponctué ; dernier segment ventral prolongé et arrondi.

Pieds grêles, pubescents, testacés. *Tarses* allongés : les postérieurs presque aussi longs que les tibias.

Patrie: Hyères. Mars, Avril, en compagnie de fourmis.

Obs. Cette espèce a un peu le faciès de l'*H. flavipes* Gr., si ce n'est qu'elle a le prothorax postérieurement rétréci. Son corps lisse et la structure des tarses le distiguent suffisamment de tous ses congénères.

(4° DIVISION).

6. H. fusicornis.

Latiuscula , anticè posticèque angustior , subdepressa , parùm nitida, breviter cinereo-pubescens , rufo-testacea , capite obscuriore , oculis solis nigris , antennis spissis pedibusque testaceis; thorace fortiter transverso , basi impresso ; abdomine suprà confertim subtilissimè punctato.

Long. 0,″00150 (2/3 ligne).

Corps assez large, antérieurement et postérieurement rétréci, subdéprimé; peu brillant, couvert d'une pubescence cendrée, courte et assez serrée.

Tête transversale , fortement engagée dans le prothorax , d'une moitié moins large que celui-ci; assez brillante, très-finement et presque imperceptiblement ponctuée , marquée sur le front d'une très-légère fossette oblongue ; d'un testacé obscur avec les *parties de la bouche* plus claires. *Yeux* petits , noirs, peu saillants.

Antennes pilosellées , à peine aussi longues que la tête et le prothorax réunis , fortement épaissies à leur extrémité; à premier article elliptique , comprimé ; le deuxième allongé , plus long que le précédent ; le troisième conique , deux fois plus court que le deuxième ; le quatrième globuleux ; les cinquième à dixième fortement transversaux , graduellement plus courts et plus épais ; le dernier ovale , aussi long que les deux précédents réunis ; testacées, avec le premier article plus pâle.

Prothorax fortement transversal, presque une fois plus large que long , un peu plus étroit en avant, de la largeur des élytres, très-légèrement bissinueux au sommet , assez fortement arrondi sur les côtés et à la base; distinctement rebordé à celle-ci; tous les angles obtus, les antérieurs fortement infléchis; peu brillant, entièrement d'un roux testacé , densement couvert d'une ponctuation assez forte et rugueuse; légèrement convexe; subdéprimé sur le dos, et marqué à la base d'une impression transversale.

Ecusson très-petit, triangulaire, ponctué, d'un roux ferrugineux.

Elytres un peu plus longues que le prothorax ; déprimées ; peu brillantes ; entièrement d'un roux testacé, densement couvertes d'une ponctuation assez forte et rugueuse.

Abdomen postérieurement rétréci ; assez brillant ; entièrement couvert d'une ponctuation très-fine et assez serrée, mais cependant un peu plus lâche à l'extrémité ; garni latéralement de quelques longs poils obscurs.

Dessous du corps testacé, finement ponctué ; le sixième segment ventral prolongé en forme de triangle.

Pieds pubescents, testacés, assez courts.

Patrie : Lyon. Très-rare.

Obs. Cette petite espèce peut être placée après l'*H. semirufa* Er., dont elle a un peu le faciès. Elle a la tournure d'une *Placusa,* mais son corselet n'est point, comme dans les espèces de ce genre, bissinueux à la base ; le dernier article des antennes est aussi plus allongé et moins obtus.

(3e DIVISION.)

Sipalia (σιπαλος, difforme).

Ailes nulles ou rudimentaires, yeux petits ou rudimentaires, à facettes grossières ; élytres courtes, abdomen plus ou moins dilaté postérieurement.

Obs. Les espèces sur lesquelles est fondée cette coupe où viennent se ranger les *H. myops* Ksw. *circellaris* Er. et peut-être aussi l'*H. procidua* Er., se distinguent de toutes les autres *Homalota* par la petitesse des yeux, l'absence des ailes et surtout par leur faciès anomale qui leur donne quelque ressemblance avec les *Micralymma* Westw., et pourraient à la rigueur constituer un nouveau genre (*Sipalia*). Mais d'un autre côté la structure des palpes et des tarses antérieurs qui paraissent n'avoir que quatre articles, ne permet pas de les séparer du grand genre *Homalota*, auquel elles se lient au moyen de l'*H. circellaris*, chez laquelle les caractères sus-indiqués sont moins sentis. Bien que les ailes restent rudimentaires ou presque nulles, les yeux s'agrandissent, les élytres s'allongent, et l'abdomen s'élargit moins.

Du reste ce ne sont pas là les seules espèces disparates dans le genre *Homalota* assurément susceptible d'être subdivisé et qui offre tant de différences de faciès et de structure, témoin l'*H. callicera* Gr. remarquable par la longueur des deux derniers articles de ses antennes, l'*H. rigidicornis* Er. dont le pénultième article des palpes est globuleux (*Semiris* Heer), l'*H. notha* Er. qu'on prendrait volontiers pour une *Gyrophaena* (*Gyrophaena exigua* Heer), les *H. eucera* Aub., *deplanata* Gr., *anceps* Er. et tant d'autres.

7 **H. difformis.**

Aptera, leviter convexa, subnitida, elongata, breviter cinereo-pubescens rufo-picea, abdomine dilatato capiteque nigro-piceis ; ano, antennis pedibusque rufo-testaceis ; thorace lato, posticè angustiore, basi praesertim canaliculato ; elytris hoc plùs duplò brevioribus ; abdomine suprà subtiliter parcè punctato, segmento septimo conspicuo.

Long. 0,00225. (1 l.)

♂ *Antennes* un peu plus longues que la tête et le prothorax réunis ; à cinquième à dixième articles pas plus larges que longs. *Sixième segment abdominal* tronqué ou légèrement sinueux à son sommet, laissant le septième à découvert.

♀ *Antennes* de la longueur de la tête et du prothorax réunis ; à cinquième à dixième articles transversaux. *Sixième segment abdominal* arrondi, cachant le septième en tout ou en partie.

Corps allongé, postérieurement élargi, aptère, légèrement convexe, assez brillant, couvert d'une pubescence courte et grisâtre.

Tête suborbiculaire, presque transversale , assez fortement engagée dans le prothorax, presque aussi large que lui ; convexe ; parcimonieusement et obsolètement ponctuée ; d'un noir de poix assez brillant avec les *parties de la bouche* ferrugineuses. *Palpes* testacés. *Yeux* petits , peu saillants ; à facettes grossières et micacées.

Antennes pubescentes, plus épaisses à l'extrémité ; à premier article en massue; les deuxième et troisième presque égaux, en cône allongé ; le quatrième carré et pas plus large que long ; les cinquième à dixième graduellement plus épais ♂ ♀, obconiques ♂, ou transversaux ♀ ; le dernier, ovale, acuminé, presque aussi long que les deux précédents réunis ; ferrugineuses, avec le dernier article et les trois premiers un peu plus clairs.

Prothorax suborbiculaire, antérieurement plus large que les élytres, sensiblement rétréci en arrière, tronqué au sommet et à la base, arrondi sur les côtés et aux angles postérieurs : les antérieurs infléchis et obtus ; légèrement convexe, d'un roux de poix assez brillant, plus ou moins foncé, finement et parcimonieusement ponctué ; visiblement rebordé à la base, et marqué au dessus de celle-ci d'une fossette plus ou moins large et plus ou moins profonde, se prolongeant sur le dos jusque près du bord antérieur en forme de sillon plus ou moins obsolète.

Ecusson petit, en triangle transversal, ponctué, d'un roux de poix.

Elytres plus de deux fois plus courtes que le prothorax ; légèrement convexes, postérieurement élargies, formant en arrière vers la suture un angle rentrant prononcé ; couvertes de points obsolètes, obliques et peu serrés ; d'un roux de poix assez brillant, plus ou moins clair. *Ailes* nulles ou rudimentaires.

Abdomen fortement rebordé, convexe en son milieu, sensiblement et graduellement dilaté vers l'extrémité, légèrement arrondi sur les côtés, couvert d'une ponctuation fine et peu serrée ; d'un noir de poix brillant, quelquefois un peu plus clair à la base, avec l'extrémité du cinquième segment et les sixième et septième ferrugineux ; les trois premiers transversalement déprimés à la base.

Dessous du corps d'un noir de poix avec le dessous du prothorax, le sternum et l'extrémité du ventre, d'un roux ferrugineux; celui-ci finement et parcimonieusement ponctué.

Pieds pubescents, d'un ferrugineux assez clair.

PATRIE : Mont-Dore, Grande-Chartreuse, Mont-Pilat, montagnes du Lyonnais. Assez commun dans les mousses.

VAR. Les élytres et le prothorax sont quelquefois entièrement d'un brun de poix, et d'autres fois d'un ferrugineux assez clair.

OBS. Cette espèce diffère de l'*H. myops* KIESENW., par sa couleur généralement plus obscure, sa taille un peu plus grande, sa tête et son prothorax plus larges, ses élytres proportionnellement plus courtes, et par son abdomen plus dilaté.

8. H. piceata.

Aptera, leviter convexa, nitida, parciùs breviter, cinereo pubescens, picea, abdomine capiteque nigris, ano rufo-piceo, antennis pedibusque rufo testaceis ; thorace latiusculo, posticè angustiore, basi obsoletè impresso ; elytris hoc duplò brevioribus, parciùs distinctè punctatis ; abdomine ferè laevigato, posticè parùm dilatato, segmento septimo conspicuo.

H. Grandiceps (GUILLEBEAU in litt.).

Long. 0,00150 (2/3 l.)

♂ *Antennes* un peu plus longues que la tête et le prothorax réunis ; à quatrième à dixième articles submoniliformes , pas plus larges que longs. *Sixième segment abdominal* tronqué ou légèrement sinueux à son sommet, laissant le septième à découvert.

♀ *Antennes* de la longueur de la tête et du prothorax réunis ; à quatrième à dixième articles transversaux. *Sixième segment abdominal* largement arrondi au sommet, cachant le septième en tout ou en partie.

Corps sublinéaire, postérieurement un peu élargi ; aptère ; légèrement convexe ; brillant, couvert d'une pubescence courte, rare et cendrée.

Tête suborbiculaire, antérieurement rétrécie, assez fortement engagée dans le prothorax, presque aussi large que celui-ci ; convexe ; très-finement chagrinée, avec quelques points rares et obsolètes sur les côtés ; d'un noir assez brillant, avec les *parties de la bouche* d'un testacé ferrugineux. *Yeux* petits, arrondis, peu saillants, obscurs, à facettes grossières.

Antennes pubescentes; de la longueur de la tête et du prothorax réunis ; un peu plus épaisses à l'extrémité ; à premier article en massue comprimée ; le deuxième en cône allongé ; le troisième turbiné, plus court que le précédent ; les quatrième à dixième graduellement plus épais ♂ ♀, submoniliformes ♂, ou transversaux ♀ ; le dernier en ovale court, à peine de la longueur des deux précédents réunis ; entièrement d'un testacé ferrugineux, assez clair.

Prothorax presque carré, antérieurement un peu plus large que les élytres, rétréci postérieurement, tronqué au sommet et à la base, distinctement rebordé à celle-ci ; les angles antérieurs fortement arrondis et infléchis, les postérieurs obtus ou légèrement arrondis ; les côtés arrondis avant leur tiers antérieur, presque droits postérieurement ; légèrement convexe, finement et obsolètement ponctué ; d'un noir de poix, et marqué à la base d'une impression obsolète, se prolongeant quelquefois sur le dos en forme de sillon à peine visible.

Écusson très-petit, ponctué, couleur de poix.

Élytres deux fois plus courtes que le prothorax, légèrement convexes vers la suture, déclives sur les côtés, un peu plus larges postérieurement, formant à l'extrémité de la suture un angle rentrant prononcé ; couvertes de points obliques assez

marqués et peu serrés ; d'une couleur de poix assez brillante.
Ailes nulles ou rudimentaires.

Abdomen assez fortement rebordé, convexe au milieu, un peu
plus large postérieurement ; noir, brillant, avec l'extrémité du
cinquième segment et les sixième et septième d'un roux de poix ;
presque lisse, ou avec quelques points rares et obsolètes sur la
partie postérieure de chaque segment.

Dessous du corps d'un noir de poix, avec l'anus plus clair.
Ventre finement et parcimonieusement ponctué.

Pieds pubescents, d'un testacé ferrugineux assez clair.

Patrie : Suisse(M.Guillebeau).Rare,parmi les lichens des sapins.

Obs. Cette espèce diffère de la précédente par sa taille de
moitié moindre, par son prothorax moins large, à côtés plus
droits, et par son abdomen moins ponctué, moins dilaté, à côtés
plus parallèles.

• 9. **H. globulicollis**.

*Aptera, convexa, nitida, elongata, parciùs luteo-pubescens, rufo-
testacea, oculis abdominisque cingulo nigris ; thorace subgloboso,
latiusculo, posticè angustiore, latiùs canaliculato, basi impresso;
elytris hoc multò brevioribus, fortiùs punctatis ; abdomine crasso,
apice dilatato, parciùs punctato, segmento 7° conspicuo.*

Long. 0^m,00250 à 0^m,003 (1 1/4 à 1 1/3 ligne).

Corps allongé, postérieurement élargi ; aptère ; convexe ;
brillant, couvert d'une pubescence rare et jaunâtre.

Tête globuleuse, plus étroite que le prothorax, convexe ; parcimonieusement et obsolètement ponctuée ; brillante, d'un roux
ferrugineux assez clair, avec les *palpes* testacés. *Yeux* très-
petits, rudimentaires, peu saillants, noirs, à facettes grossières.

Antennes pubescentes, entièrement d'un testacé ferrugineux,
un peu plus épaisses à l'extrémité ; à premier article elliptique;
les deuxième à troisième presque égaux, en cône allongé; le quatrième conique, un peu plus court que le précédent; les cinquiè-

me et sixième carrés, pas plus larges que longs ; les septième
à dixième légèrement transversaux et graduellement plus courts ;
le dernier, ovale, presque aussi long que les deux précédents
réunis.

Prothorax convexe, globuleux, antérieurement un peu plus
large que les élytres, postérieurement rétréci, tronqué au sommet
et à la base, distinctement rebordé à celle-ci ; à côtés fortement
arrondis en avant et légèrement sinueux près des angles postérieurs, qui sont obtus ainsi que les antérieurs : ceux-ci infléchis ;
brillant, d'un roux ferrugineux assez clair ; couvert, surtout
postérieurement de points peu serrés et obsolètes, et marqué à
la base d'une impression assez large, se prolongeant presque jusqu'au bord antérieur en un sillon plus ou moins large ou plus
ou moins profond.

Ecusson très-petit, ferrugineux.

Elytres d'un tiers plus courtes que le prothorax ; convexes
vers la suture, déclives sur les côtés, postérieurement élargies,
formant en arrière vers la suture un angle rentrant prononcé ;
fortement sinueuses près des angles extérieurs ; couvertes de
point forts, obliques et assez serrés ; brillantes et d'un roux ferrugineux assez clair. *Ailes* nulles ou rudimentaires.

Abdomen fortement rebordé, épais, légèrement convexe en
dessus, à côtés arrondis, sensiblement élargi jusqu'aux deux
tiers de sa longueur, et se rétrécissant un peu à partir du dernier
tiers ; parcimonieusement ponctué sur les trois premiers segments, presque lisse sur les quatrième et cinquième ; brillant,
d'un roux ferrugineux assez clair, avec la base des troisième et
quatrième segments d'un noir de poix plus ou moins clair.

Dessous du corps testacé, presque lisse ou très-parcimonieusement ponctué ; d'un roux ferrugineux assez clair, avec les troisième et quatrième segments ventraux obscurs à leur base.

Pieds pubescents, d'un testacé ferrugineux assez clair.

PATRIE : Suisse. (MM. Guillebeau et Chevrier).

Obs. Cette espèce diffère des deux précédentes par sa taille beaucoup plus grande, par sa couleur plus claire, par son prothorax plus convexe et par ses élytres moins courtes et plus fortement ponctuées.

10. **H. grandiceps**.

Elongata, subdepressa, nitida, parcè cinereo-pubescens, rufo-testacea ; capite magno, anticè utrinquè bicarinulato ; thorace latiusculo, posticè angustato, medio longitudinaliter fossulato ; elytris hoc duplò brevioribus ; abdomine sat convexo, subtilissimè parcè punctulato, apice leviter dilatato ; antennis apice fortiter incrassatis, subclavatis.

Homalota grandiceps, Guillebeau in litt.

Long. 0ᵐ,00125 (1/2 ligne.).

Corps allongé, rétréci au milieu, subdéprimé, brillant, finement pubescent.

Tête transversale, suborbiculaire, sensiblement plus large que le prothorax, dont elle est séparée par un col assez large et court ; subdéprimée ; brillante, presque lisse, ou couverte postérieurement de quelques points obsolètes peu visibles, d'un rouge testacé assez clair, et marquée antérieurement de deux replis ou carènes longitudinales joignant l'insertion des antennes, et au milieu desquelles se voit un troisième repli ou élévation peu marquée et beaucoup plus courte. *Palpes maxillaires* testacés ; à pénultième article très-grand, piriforme. *Yeux* rudimentaires, à peine visibles, testacés.

Antennes pubescentes ; sensiblement plus courtes que la tête et le prothorax réunis, fortement et brusquement épaissies à l'extrémité en forme de massue ; à pénultièmes articles fortement transversaux, le dernier très-grand, subglobuleux ; entièrement testacées.

Prothorax pas plus large que long, antérieurement d'un tiers plus large que les élytres, assez fortement rétréci en arrière, tronqué au sommet, arrondi à la base et aux angles postérieurs, les antérieurs obtus ; d'un rouge testacé assez clair ; brillant, paraissant lisse, subdéprimé et marqué en son milieu d'une fossette longitudinale assez large et profonde et n'atteignant ni le sommet ni la base.

Elytres deux fois plus courtes que le prothorax ; brillantes ; légèrement convexes ; d'un rouge testacé assez clair ; parcimonieusement et presque imperceptiblement ponctuées.

Abdomen plus pubescent que le reste du corps ; assez convexe, un peu dilaté postérieurement ; d'un rouge testacé assez clair et assez brillant ; couvert d'une ponctuation très-fine, très-légère et peu serrée.

Dessous du corps d'un rouge testacé, finement pubescent.

Pieds pubescents, d'un rouge testacé assez clair.

Patrie : Cette espèce est très rare. Elle a été trouvée une seule fois par M. Guillebeau parmi les mousses à Tassin, aux environs de Lyon.

GENRE **OXYPODA** Er.

(1re DIVISION.)

1. Ox. attenuata.

Elongata, leviter convexa, nitida, breviter cinereo-pubescens, nigra, elytris thoracisque limbo laterali piceis, antennis pedibusque testaceis, thorace leviter canaliculato ; abdomine posticè sensim attenuato, basi densè, apice parciùs punctato ; ano longiùs fusco-pilosello.

Long. 0^m003 (1 1/2 ligne.)

Corps allongé, antérieurement et postérieurement rétréci, légèrement convexe, brillant, couvert d'une pubescence courte et cendrée.

Tête orbiculaire, inclinée, assez fortement engagée dans le prothorax, d'une moitié plus étroite que celui-ci, très-convexe ; assez fortement ponctuée, d'un noir brillant avec les *parties de la bouche* d'un testacé obscur. *Yeux* assez grands, peu saillants, noirs.

Antennes légèrement pubescentes ; de la longueur de la tête et du prothorax réunis, guère plus épaisses vers l'extrémité ; à premier article légèrement en massue : les deuxième et troisième allongés , le deuxième aussi long que le premier, le troisième un peu plus court que le deuxième : le quatrième en cône allongé , tronqué , un peu plus long que large : les cinquième à dixième presque carrés , à peine plus larges que longs : le dernier en ovale allongé, de la longueur des deux précédents réunis ; entièrement testacées , avec la base un peu plus claire.

Prothorax légèrement transversal , postérieurement de la largeur des élytres , sensiblement rétréci en avant, tronqué au sommet, passablement arrondi à la base , légèrement sur les côtés ; les angles postérieurs fortement, les antérieurs légèrement arrondis , ceux-ci infléchis ; convexe , très-finement canaliculé , avec une impression légère et obsolète à la base ; plus densement et plus finement ponctué que la tête ; d'un noir de poix brillant, avec les bords latéraux un peu plus clairs.

Ecusson petit, triangulaire, ponctué, noirâtre.

Elytres à peine plus longues que le prothorax, légèrement convexes , densement et rugueusement ponctuées , fortement sinueuses près des angles extérieurs ; entièrement d'une couleur de poix un peu roussâtre.

Abdomen rétréci postérieurement , assez densement ponctué sur les quatre premiers segments, plus rarement sur les cinquième et sixième : celui-ci largement arrondi au sommet ; d'un noir brillant, avec le bord apical des quatrième, cinquième et sixième segments couleur de poix ; garni à l'extrémité de longs poils obscurs.

Dessous du corps ponctué, d'un noir de poix brillant, avec le bord apical de chaque segment ventral ferrugineux.

Pieds pubescents, testacés.

Patrie : Hyères. Très-rare. Avril, sous les détritus au bord des marais salés.

Obs. Cette espèce, intermédiaire entre l'*O. umbrata* et l'*O. togata* Er., diffère de la première par sa couleur plus brillante et par son abdomen moins densement ponctué ; de la seconde, par sa couleur plus foncée, ses élytres un peu plus longues et son abdomen beaucoup plus rétréci postérieurement ; de toutes deux, par ses antennes plus pâles et son prothorax canaliculé.

2. **Ox. bicolor**.

Elongata, leviter convexa, nitida, rufo-testacea, capite abdomineque nigro-piceis ; segmentorum apice, ano, pedibus antennarumque basi testaceis, his externè infuscatis ; prothorace elytrorum latitudine, basi transversim obsoletè impresso ; abdomine suprà punctulato.

Long. 0,00250 (1 1/3 l.).

Corps allongé, antérieurement rétréci, légèrement convexe ; brillant, couvert d'une pubescence fine et grisâtre, plus serrée sur l'abdomen.

Tête un peu allongée, légèrement inclinée, d'un tiers plus étroite que le prothorax, convexe ; très-finement ponctuée ; brillante, d'un noir de poix plus ou moins clair, quelquefois d'un roux ferrugineux obscur. *Parties de la bouche* testacées.

Antennes légèrement pubescentes ; de la longueur de la tête et du prothorax réunis, plus épaisses à l'extrémité ; à premier article elliptique : les deuxième et troisième en cône allongé : le troisième un peu plus court que le précédent : le quatrième guère plus large que long : les cinquième à dixième transversaux, graduellement plus courts et plus épais : le dernier en ovale court, à peine aussi long que les deux précédents réunis ; brunâtres avec les trois ou quatre premiers articles testacés.

Prothorax légèrement transversal, de la largeur des élytres à sa base, plus étroit en avant, tronqué au sommet, médiocrement arrondi à la base, sur les côtés et aux angles antérieurs : ceux-ci infléchis, les postérieurs obtus ; distinctement rebordé en arrière; densement et rugueusement ponctué; d'un roux testacé brillant; légèrement convexe, et marqué à la base d'une impression transversale obsolète.

Ecusson triangulaire, ponctué, d'un roux testacé.

Elytres un peu plus longues que le prothorax, sinueuses près des angles extérieurs; couvertes d'une ponctuation serrée, oblique et rugueuse; entièrement d'un roux testacé.

Abdomen un peu plus étroit en arrière, légèrement arrondi sur les côtés; finement et assez densement ponctué; peu brillant, noirâtre, avec les premier, deuxième, troisième et quatrième segments étroitement bordés de testacé ferrugineux : le cinquième testacé, noir à la base : le sixième largement arrondi, entièrement testacé.

Dessous du corps testacé, avec les côtés de la poitrine noirâtres. *Ventre* ponctué, noirâtre, avec le bord apical des segments et l'anus testacés.

Pieds pubescents, testacés.

Patrie: Mont-Dore, Mont-Pilat. Rare, parmi les détritus de lichen.

Var. L'abdomen est quelquefois, tant en dessus qu'en dessous, largement d'un brun ferrugineux à la base.

Obs. Cette espèce a le faciès de l'*O. togata* Er., et s'en distingue par une taille plus petite, par la couleur plus claire des antennes, du prothorax et des élytres, et par son abdomen un peu plus rétréci postérieurement et dont la ponctuation est moins serrée.

5. **O. incens**.

*Elongata, leviter convexa, nitida, rufo-testacea, capite pectore ab-
domineque nigricantibus, segmentorum apice, pedibus antennarumque basi testaceis ; his externè infuscatis ; prothorace elytris angustiore, basi transversim obsoletè impresso; abdomine parciùs punctato-*

Long. 0^m,00225 (1 1/4 ligne).

Corps allongé, antérieurement et postérieurement un peu

rétréci, légèrement convexe ; brillant, couvert d'une pubescence fine et grisâtre.

Tête un peu allongée, inclinée, plus étroite que le prothorax, convexe ; finement ponctuée ; d'un noir de poix brillant, avec les *parties de la bouche* testacées. *Yeux* non saillants, médiocres, noirs.

Antennes pubescentes ; de la longueur de la tête et du prothorax réunis, un peu plus épaisses à l'extrémité ; à premier article elliptique : les deuxième et troisième allongés, celui-ci un peu plus court que le précédent, le quatrième pas plus large que long : les cinquième à dixième légèrement transversaux et graduellement plus épais : le dernier, ovale, acuminé, à peine de la longueur des deux précédents réunis ; rembrunies, avec les deux ou trois premiers articles testacés.

Prothorax pas plus large que long, un peu plus étroit que les élytres, un peu rétréci en avant, latéralement comprimé, tronqué au sommet, légèrement arrondi sur les côtés et à la base ; à angles antérieurs arrondis et infléchis, les postérieurs obtus ; densement et finement ponctué ; d'un roux testacé ; brillant, légèrement convexe, longitudinalement subdéprimé sur le dos, et marqué à la base d'une impression transversale obsolète.

Ecusson ponctué, d'un testacé obscur.

Elytres un peu plus longues que le prothorax, sinueuses près des angles extérieurs ; plus visiblement mais moins densement ponctuées que le prothorax ; brillantes, d'un roux-testacé un peu plus obscur sur les côtés et vers l'écusson.

Abdomen un peu rétréci en arrière, légèrement arrondi sur les côtés ; couvert d'une ponctuation fine peu serrée ; brillant, noirâtre, avec le bord apical des quatre premiers segments, la dernière moitié du cinquième et le sixième testacés.

Dessous du corps testacé, avec la poitrine et le ventre noirâtres : celui-ci légèrement ponctué, avec le bord apical des segments et l'anus testacés.

Pieds pubescents, testacés.

Patrie : Grande-Chartreuse. Très-rare.

Obs. Cette espèce diffère de la précédente par son abdomen plus brillant et moins ponctué, et surtout par son prothorax beaucoup plus étroit. Ce dernier caractère la rapprocherait de l'*O. alternans* Gr., avec laquelle la ponctuation beaucoup moins serrée de son abdomen ne permet pas de la confondre.

4. O. fuscula.

Elongata, leviter convexa, parùm nitida, rufo-picea, capite abdomine-que medio nigricantibus, pedibus antennarumque basi testaceis, his externè infuscatis ; thorace interdùm basi obsoletissimè impresso ; abdomine subopaco, densiùs griseo-pubescente, subtiliter punctato.

Long. 0,00150 à 0,00175 (1/3 à 3/4 ligne).

Corps allongé, sublinéaire, légèrement convexe, antérieurement et postérieurement très-peu rétréci ; peu brillant, couvert d'une pubescence courte et grisâtre.

Tête arrondie, inclinée, plus étroite que le prothorax, convexe ; assez brillante, très-finement ponctuée, noire, avec les *parties de la bouche* d'un testacé obscur. *Yeux* peu saillants, noirs.

Antennes pubescentes ; presque de la longueur de la tête et du prothorax réunis, un peu plus épaisses vers l'extrémité ; à premier article elliptique : le deuxième allongé, presque égal au précédent : le troisième conique, plus court que le deuxième : les quatrième à dixième transversaux, graduellement plus épais et plus courts : le dernier, ovale, acuminé, aussi long que les deux précédents réunis ; d'un testacé obscur, avec les trois ou quatre premiers articles plus clairs.

Prothorax plus court que large, de la largeur des élytres, un peu rétréci en avant, tronqué au sommet, légèrement arrondi à la base, aux côtés et aux angles antérieurs, les postérieurs obtus ; légèrement convexe ; densement ponctué, peu brillant, d'un roux de poix plus ou moins ferrugineux, avec le disque quelquefois obscurci ; marqué à la base d'une impression légère, souvent à peine visible ou nulle.

Ecusson triangulaire, densement ponctué, d'un roux de poix.

Elytres un peu plus courtes que le prothorax, légèrement sinueuses vers les angles extérieurs; densement et rugueusement ponctuées, peu brillantes, d'un roux de poix plus ou moins ferrugineux.

Abdomen allongé, légèrement rétréci postérieurement; couvert d'une pubescence grise et serrée qui le rend un peu opaque ; finement et assez densement ponctué, d'un roux de poix plus ou moins ferrugineux, avec les troisième et quatrième segments et la base des deuxième et huitième noirâtres; paraissant quelquefois entièrement d'un noir de poix, avec la base et l'extrémité ferrugineuses. *Anus* avec quelques rares poils obscurs.

Dessous du corps d'un roux ferrugineux plus ou moins clair. *Ventre* couvert d'une ponctuation peu serrée, avec la base des troisième, quatrième et cinquième segments noirâtre.

Pieds courts, pubescents, testacés.

Var. La couleur du prothorax et des élytres est quelquefois entièrement d'un roux testacé, d'autres fois d'un brun de poix assez obscur.

Patrie : Lyon, Beaujolais, France méridionale, dans les détritus au bord des ruisseaux.

Obs. Cette espèce est très-voisine de l'*O. exigua* Er., dont elle se distingue par les caractères suivants : les élytres et le prothorax sont plus fortement ponctués, celui-ci a quelquefois une légère impression à la base, celles-là sont un peu plus courtes, et enfin l'abdomen est un peu plus densement ponctué, beaucoup moins rétréci et moins pilosellé postérieurement.

(2ᵉ. division).

5. **O. rufula**.

Elongata, leviter convexa, parùm nitida, rufo-ferruginea, abdomine antè apicem capiteque nigro-piceis, antennarum articulo primo, pedibus anoque rufo-testaceis ; thorace basi obsoletè transversim impresso, angulis posticis obtusis ; abdomine subtiliter densiùs punctulato.

Long 0ᵐ,002 à 0ᵐ,00250 (1 1/4 à 1 1/3 ligne).

Corps allongé, légèrement convexe ; peu brillant, couvert d'une pubescence fine et jaunâtre.

Tête allongée, inclinée, beaucoup plus étroite que le prothorax, convexe, rétrécie en avant en forme de rostre court ; assez fortement ponctuée, d'un noir assez brillant, avec les *parties de la bouche* ferrugineuses. *Yeux* noirs, peu saillants.

Antennes pubescentes ; de la longueur de la tête et du prothorax réunis, légèrement plus épaisses vers l'extrémité ; à premier article assez court : le deuxième allongé, un peu plus grand que le précédent, mais plus étroit : le troisième conique, plus court que le deuxième, le quatrième pas plus large que long : les cinquième à dixième légèrement transversaux, graduellement plus courts : le dernier en ovale allongé, de la longueur des deux précédents réunis ; ferrugineuses, avec le premier article plus clair.

Prothorax transversal, antérieurement rétréci, de la largeur des élytres à sa base, tronqué au sommet, sensiblement arrondi sur les côtés, légèrement au milieu de la base : celle-ci sinueuse près des angles postérieurs : ceux-ci obtus, les antérieurs légèrement arrondis et infléchis ; densement et rugueusement ponctué ; assez convexe, et marqué à la base d'une sorte de dépression ou impression transversale obsolète ; peu brillant, et entièrement d'un roux ferrugineux.

Ecusson petit, triangulaire, ponctué, d'un roux ferrugineux.

Elytres plus longues que le prothorax, sinueuses près des angles extérieurs; densement et rugueusement ponctuées; sub-déprimées; peu brillantes et entièrement d'un roux ferrugineux.

Abdomen presque parallèle, ou légèrement rétréci postérieurement; finement et assez densement ponctué, d'un roux ferrugineux, avec l'extrémité plus claire, et la base des troisième et quatrième segments d'un noir de poix.

Dessous du corps ponctué, d'un roux ferrugineux, avec les troisième et quatrième segments ventraux obscurs à leur base.

Pieds pubescents, d'un roux testacé.

PATRIE : Beaujolais. Septembre, sous les écorces du chêne. Très-rare.

OBS. Cette espèce est facile à confondre avec l'*O. corticina* ER. Elle s'en distingue néanmoins par sa couleur plus claire, par ses antennes un peu moins épaisses, par la ponctuation plus forte de la tête et du prothorax, et surtout par les angles de celui-ci dont les antérieurs sont arrondis et les postérieurs obtus, tandis que les premiers sont obtus et les seconds droits chez l'*O. corticina*.

GENRE **ALEOCHARA**. ER.

1. A. discipennis.

Latiuscula, leviter convexa, nitida, nigra ; elytris rufis, lateribus, basi suturâque infuscatis, thorace brevioribus; pedibus rufo-brunneis; tarsis dilutioribus ; antennis elongatis ; abdomine suprà basi sat densè, apice parciùs punctato.

Long. 0ᵐ,005 à 0ᵐ,006(2 1/4 à 2 3/4 ligne).

♂ *Sixième segment abdominal* légèrement échancré et crénelé au sommet.

♀ *Sixième segment abdominal* sinueux au sommet.

Corps assez large, légèrement convexe; brillant, couvert d'une pubescence fauve et peu serrée.

Tête un peu allongée, inclinée, beaucoup plus étroite que le prothorax; brillante; parcimonieusement ponctuée, noire, avec les *parties de la bouche* couleur de poix. *Yeux* grands, ovales, peu saillants, noirs.

Antennes pilosellées, presque aussi longues que la tête et le prothorax réunis, un peu plus épaisses à l'extrémité; à premier article épais, elliptique; les deuxième et troisième allongés, presque égaux; le quatrième en cône tronqué, pas plus large que long; les cinquième à dixième graduellement plus courts et plus épais, très-faiblement transversaux; le dernier, subconique, de la longueur des deux précédents réunis; entièrement d'un noir brunâtre, avec le premier article quelquefois couleur de poix.

Ecusson noir, densement ponctué.

Elytres un peu plus courtes que le prothorax, arrondies aux angles extérieurs; couvertes d'une ponctuation forte, serrée, à points obliques; rougeâtres avec les bords latéraux, la base, la région scutellaire, et la suture rembrunis.

Abdomen subparallèle ou très-légèrement rétréci vers l'extrémité; d'un noir brillant, assez densement ponctué à la base, plus rarement à l'extrémité.

Dessous du corps ponctué, noir, brillant, avec le segment ventral et le bord apical des précédents couleur de poix.

Pieds pubescents, d'un roux brunâtre, avec les tarses et quelquefois les tibias plus clairs.

Patrie: Lyon, Beaujolais. Rare, dans les champignons décomposés.

Obs. Cette espèce est intermédiaire entre l'*A. fuscipes* Fab. et l'*A. rufipennis* Er. Elle en diffère par ses antennes plus longues et beaucoup moins épaisses et par son abdomen plus ponctué à la base.

2. Al. rufipes.

Elongata, leviter convexa, nitida, nigra, antennarum basi, pedibus clytrisque laetè rufis, his lateribus et ad scutellum infuscatis, ano rufo-piceo; abdomine longiùs fulvescenti-piloso, fortiter parcè punctato.

Long 0ᵐ,00550 à 0,ᵐ00633 (2 à 2 1|2 ligne).

♂ *Sixième segment abdominal* sensiblement sinueux à l'extrémité. *Sixième segment ventral* prolongé, arrondi.

♀ *Sixième segment abdominal* tronqué ou très-légèrement sinueux à l'extrémité. *Sixième segment ventral* peu saillant, obtusément arrondi.

Corps allongé, légèrement convexe; couvert d'une pubescence fauve, plus longue sur l'abdomen.

Tête un peu allongée, inclinée, beaucoup plus étroite que le prothorax, convexe; parcimonieusement et légèrement ponctuée, d'un noir brillant, avec les *parties de la bouche* ferrugineuses. *Palpes maxillaires* à pénultième article obscur, le dernier testacé. *Yeux* grands, ovales, noirs, peu saillants.

Antennes pubescentes et légèrement pilosellées; presque aussi longues que la tête et le prothorax réunis, un peu plus épaisses à l'extrémité; à premier article elliptique; les deuxième et troisième allongés, presque égaux, le quatrième en cône allongé, un peu plus court que le précédent; le cinquième en cône tronqué, pas plus large que long; les sixième à dixième très-légèrement transversaux, graduellement un peu plus épais; le dernier subconique, de la longueur des deux précédents réunis; brunes, avec le premier article d'un roux-testacé et les deux suivants couleur de poix.

Prothorax transversal, d'une moitié plus court que large, presque de la largeur des élytres à sa base, plus étroit en avant, tronqué au sommet, arrondi à la base et sur les côtés; tous

les angles très-obtus , subarrondis , les antérieurs infléchis ; assez
convexe ; d'un noir brillant , finement et assez densement
ponctué.

Ecusson densement ponctué, noir.

Elytres de la longueur du prothorax , subarrondies aux angles
extérieurs ; densement et obliquement ponctuées, d'un rouge
vif, avec la région scutellaire et les côtés obscurs.

Abdomen allongé, subparallèle ou très-légèrement rétréci
postérieurement ; profondément et parcimonieusement ponctué ;
couvert de longs poils fauves couchés , peu serrés ; d'un noir
brillant, avec le sixième segment et le bord apical du cinquième
d'un roux de poix.

Dessous du corps un peu plus densement mais plus légèrement ponctué que le dessus de l'abdomen ; d'un noir brillant, avec l'anus et le bord apical de chaque segment ventral
roussâtres.

Pieds pubescents , rougeâtres , avec les cuisses quelquefois
légèrement obscurcies à leur base.

Patrie: Languedoc, Provence. Avril , mai. Assez rare, sous les
détritus au bord des marais salés.

Obs. Cette espère diffère de l'*A. rufipennis* Er., par une
forme plus allongée , par les pieds d'une couleur plus claire ,
et surtout par ses antennes plus longues et beaucoup moins
épaisses.

3. A. diversa.

*Latiuscula, leviter convexa , parùm nitida , rufo-brunnea , thoracis
dorso piceo , capite abdomineque antè apicem nigricantibus ;
antennis basi apiceque , pedibus anoque rufo-testaceis ; thorace basi
transversim impresso , abdomine suprà parciùs punctato.*

Long. 0^m,00250 (1 1/3 ligne).

♂ *Sixième segment ventral* prolongé en triangle.
♀ *Sixième segment ventral* arrondi.

Corps assez large, légèrement convexe, peu brillant, couvert d'une pubescence grisâtre, peu serrée.

Tête légèrement transversale, inclinée, beaucoup plus étroite que le prothorax; visiblement ponctuée; marquée sur le front d'une fossette obsolète, souvent nulle; d'un noir assez brillant, avec les *parties de la bouche* d'un roux testacé. *Yeux* assez grands, noirs, un peu saillants.

Antennes légèrement pilosellées; plus courtes que la tête et le prothorax réunis, beaucoup plus épaisses vers l'extrémité; à premier article en massue:les deuxième et troisième en cône allongé, presque égaux : le quatrième guère plus large que long : les cinquième à dixième fortement transversaux : le dernier, ovale, subacuminé, de la longueur des deux précédents réunis; brunes, avec les trois premiers articles et le dernier d'un roux testacé.

Prothorax fortement transversal, un peu plus large que les élytres à sa base, rétréci en avant, tronqué au sommet, arrondi sur les côtés et au milieu de la base : celle-ci fortement sinueuse près des angles postérieurs : ceux-ci aigus, avec le sommet légèrement émoussé : les antérieurs légèrement arrondis, infléchis; légèrement convexe; peu brillant; rugueusement et densement ponctué; couleur de poix, avec les côtés rougeâtres, et marqué à la base d'une impression transversale.

Ecusson ponctué, noir.

Elytres de la longueur du prothorax; fortement sinueuses près des angles extérieurs, assez fortement et obliquement ponctuées; légèrement convexes; d'un roux brunâtre, avec la région scutellaire et quelquefois les côtés plus obscurs.

Abdomen légèrement rétréci postérieurement, assez ponctué à la base, plus rarement à l'extrémité ; d'un roux brunâtre, avec le troisième et le quatrième segment moins le bord apical et la moitié antérieure du cinquième, noirâtres ; le sixième et la dernière moitié du cinquième d'un roux testacé.

Dessous du corps ponctué, d'un roux de poix, avec l'anus et le bord apical de chaque segment ventral plus clairs. *Ventre* densement couvert de longs poils grisâtres.

Pieds pubescents , d'un testacé rougeâtre.

Patrie: Beaujolais. Assez rare , en société de la *formica fuliginosa.*

Obs. Cette espèce ressemble beaucoup à l'*A. angulata* Er., dont elle est peut-être une variété. Cependant elle présente des caractères constants chez tous les individus. Par exemple la taille est plus petite , le prothorax moins convexe , un peu moins transversal , sans trace de sillon longitudinal. Les antennes sont surtout plus courtes , plus obscures et beaucoup plus épaisses , à dernier article moins allongé. En outre chez l'*A. angulata* les angles postérieurs du prothorax s'appliquent exactement sur l'angle huméral des élytres , tandis que chez l'*A. diversa* ils le débordent sensiblement et constamment. Enfin celle-ci se trouve avec la *Formica fuliginosa* , celle-là avec la *Formica rufa.*

FAM. DES **TACHININI.** Er.

Genre **TACHINUS.** Er.

T. **humeralis,** Var. **rufescens.**

Robustior , elytris plerumque totis rufo-ferrugineis.

Cette variété se distingue du type par sa taille plus forte et par ses élytres ordinairement unicolores. Chez les ♂ les dents intermédiaires du sixième segment abdominal sont plus prolongées, et les quatrième et troisième segments ventraux légèrement impressionnés. Chez les ♀ les lanières latérales du sixième segment abdominal sont moins grêles et moins aiguës , et la lame intermédiaire est plus large, brusquement rétrécie en triangle obtus et comme tronqué ; les lobes intermédiaires du sixième segment ventral sont moins saillants.

Patrie : Cette variété se trouve dans les champignons en déliquescence. Elle est plus particulière à la plaine , au lieu que le type se rencontre sur les montagnes élevées de la France.

T. laticollis. Gr.

Oblongo-ovalis, convexus , nitidus, nigro-piceus, antennarum articulo
primo , pedibus thoracisque limbo castaneo-testaceis , elytris thorace
vix sesqui longioribus , sat densè subtiliter punctatis , nigro-piceis ,
humeris , lateribus et apice dilutioribus.

(Grav. Micr. 140,10 et Mon. 15. — 29).

Long. 0,003 à 0,004 (1 1/2 à 2 lignes).

Obs. Cette espèce décrite par Gravenhorst a été considérée
par Erichson (Sp. staph. p. 564), comme une variété du *T.*
marginellus F. Elle en diffère par sa taille un peu plus forte,
sa forme proportionnellement un peu plus large, par ses
élytres un peu plus courtes et plus convexes, et par la bordure
du prothorax et des élytres d'une couleur moins claire et beaucoup moins tranchée. L'échancrure du sixième segment ventral
du ♂ est moins aiguë, et les lanières intermédiaires du sixième
segment abdominal des ♀ sont plus écartées l'une de l'autre.

Elle ne parait pas répondre au *T. laticollis* décrit par Boisduval
et Lacordaire (1. p. 509. 5. Faune Paris.), qui lui assignent des
élytres lisses , mais plutôt au *T. rufipes* des mêmes auteurs ,
bien que Erichson rapporte celui-ci à son *T. flavipes* (Sp. staph.
p. 255).

Patrie: Elle habite les mêmes localités que le *T. marginellus,*
c'est-à-dire les forêts et les montagnes, dans les mousses, les
bouses et les champignons.

GENRE MYCETOPORUS. Mann.

1. M. tenuis.

Elongatus , leviter convexus, nitidus, rufo-testaceus , antennis, palpis
pedibusque dilutioribus , capite , pectore abdomineque nigricantibus,
hoc parcè punctato , parcè griseo-pubescente ; thorace disco laevis-
simo , elytris punctorum serie accessoriâ.

Long. 0ᵐ,003 (1 1/4 ligne).

Corps allongé, légèrement convexe, brillant.

Tête oblongue, antérieurement rétrécie, légèrement convexe; lisse, couleur de poix, avec la partie antérieure plus claire. *Palpes* testacés. *Yeux* médiocres, subdéprimés, noirs.

Antennes pubescentes; plus courtes que la tête et le prothorax réunis, assez épaissies à l'extrémité; entièrement testacées, avec la base un peu plus claire; à premier article en massue : les deuxième et troisième presque égaux, le troisième un peu plus grêle que le précédent : le quatrième un peu plus court et plus large que le troisième : les cinquième à dixième légèrement transversaux : le dernier en ovale court et obtus au sommet.

Prothorax de la largeur des élytres à sa base, du double plus étroit en avant, tronqué au sommet, légèrement arrondi sur les côtés et à la base ; les angles antérieurs arrondis, les postérieurs obtus ou légèrement arrondis; convexe; d'un rouge testacé brillant, lisse sur le disque, et marqué près du sommet de quatre points enfoncés transversalement disposés, de deux autres vers la marge latérale, et de quatre autres le long de la base.

Ecusson lisse, d'un roux testacé.

Elytres un peu plus longues que le prothorax, légèrement convexes; d'un roux-ferrugineux brillant, avec un trait latéral noirâtre ; lisses, avec trois séries de point enfoncés : une marginale, une suturale, et la troisième dorsale : et en outre une quatrième série accessoire de trois à cinq points, située tout près de la dorsale, intérieurement.

Abdomen sensiblement atténué en arrière, parcimonieusement ponctué, couvert d'une pubescence grisâtre et peu serrée, brillant, d'un noir de poix, avec le bord apical de chaque segment et le dernier d'un roux testacé.

Dessous du corps parcimonieusement ponctué, d'un noir de poix brillant, avec le bord apical de chaque segment et l'anus d'un roux testacé.

Pieds pubescents, d'un roux testacé assez clair. *Tibias* intermédiaires et postérieurs épineux.

PATRIE : Mont-Dore. Assez rare, parmi les détritus de lichen.

OBS. Cette espèce diffère du *M. pronus* ER. par ses antennes
moins épaisses, à pénultièmes articles moins transversaux, par
son abdomen moins fortement ponctué, et surtout par la pré-
sence d'une série accessoire de points enfoncés près de la série
dorsale des élytres. Sa taille est aussi plus petite et plus étroite.

4. **M. angularis.**

*Oblongus, leviter convexus, nitidus, niger, ore, thoracis limbo postico
et laterali, elytrorum apice et maculâ humerali, ano et segmentorum
apice, antennarum basi pedibusque testaceis; thorace disco laevissimo,
elytris serie dorsali simplice, apice subsulcatis; abdomine parcè
cinereo-pubescente, parcè fortiter punctato.*

Long. 0,003 à 0,004 (1 1/4 à 1 1/3 ligne).

Corps oblong, légèrement convexe, brillant.

Tête oblongue, antérieurement rétrécie, légèrement convexe ;
lisse, d'un noir brillant, avec les *parties de la bouche* testacées.
Yeux assez grands, peu saillants, noirs.

Antennes pisosellées ; un peu plus courtes que la tête et le
prothorax réunis, assez épaisses vers l'extrémité ; obscures, avec
les trois ou quatre premiers articles testacés ; à premier article
en massue allongée et arquée : les deuxième et troisième presque
égaux:celui-ci plus grêle que le précédent: les quatrième à dixième
graduellement plus courts et plus épais: les quatrième et cinquième pas plus larges que longs : les sixième à dixième assez
fortement transversaux ; le dernier en ovale court et brusquement
rétréci au sommet.

Prothorax de la largeur des élytres à la base, une fois plus
étroit en avant, échancré au sommet, légèrement arrondi à la
base et sur les côtés ; les angles antérieurs saillants et arrondis

au sommet, les postérieurs obtus et légèrement arrondis ; convexe, d'un noir brillant, avec les bords postical et latéral d'une couleur de poix testacée ; lisse sur le disque, et marqué près du sommet de quatre points enfoncés transversalement disposés, de quatre autres semblables le long de la base, et de trois autres vers la marge latérale.

Ecusson noir, lisse, brillant.

Elytres plus longues que le prothorax ; d'un noir brillant, avec une tache humérale , l'angle postéro-externe et l'extrémité d'une couleur de poix testacée ; lisses, avec trois séries de points enfoncés, la dorsale d'environ dix points , sans série accessoire.

Abdomen sensiblement rétréci en arrière; parcimonieusement mais fortement ponctué ; couvert d'une pubescence grisâtre et très-peu serrée; d'un noir brillant, avec le bord apical des cinq premiers segments et le sixième d'un testacé de poix.

Dessous du corps parcimonieusement ponctué ; d'un noir de poix brillant, avec le bord des segments et l'anus plus clairs.

Pieds pubescents, d'une couleur de poix testacée, avec les cuisses et les tibias postérieurs plus obscurs. *Tibias* intermédiaires et postérieurs épineux.

Patríe : Beaujolais, Mont Pilat. Assez rare.

Obs. Cette espèce se distingue du *M. nanus* Gr. par sa tache humérale, par sa taille plus grande et plus large, et par l'absence de la série accessoire près de la série dorsale des élytres. Les antennes sont aussi plus épaisses, l'abdomen plus parcimonieusement et plus fortement ponctué, et les angles antérieurs du prothorax plus proéminents.

FAM. DES **XANTHOLININI**. Er.

GENRE **XANTHOLINUS**. Er.

X. punctulatus. Gyl.

Var. confusus.

Linearis, nitidus, niger, elytris piceis intricato-punctatis, capite densiùs punctato-ruguloso, fronte medio laeviore.

Obs. Cette variété diffère du type par sa taille beaucoup moindre, sa tête un peu moins allongée et un peu moins densement ponctuée sur les côtés, et surtout par ses élytres d'une couleur de poix un peu roussâtre et dont la ponctuation est toujours confuse.

Patrie : Elle se trouve en compagnie de la *Formica fuliginosa*.

X. tricolor. Gyl.

Var. distans.

Minor, rufo-testaceus, capite, thoracis dorso antico abdomineque nigro-piceis ; elytris brevioribus ; thoracis seriebus lateralibus minùs confusis.

Long. 0,006 à 0,007 (3 à 3 1/2 lignes).

Obs. Cette variété diffère du type par sa taille beaucoup moindre, par sa tête moins ponctuée, son prothorax ordinairement obscur en avant, ses élytres un peu plus courtes, et par les points des côtés du prothorax moins confus et laissant toujours plus ou moins apparaître une disposition en forme de crosse.

Patrie : Elle habite les montagnes du Lyonnais et de la Loire, sous les pierres.

GENRE **PHILONTHUS** Leach.

(3ᵉ division).

1. **Ph. tenuicornis.**

Leviter convexus, niger, nitidus, antennis elongatis concoloribus, capite thoraceque obscuro-aeneis, tarsis tibiisque piceis ; elytris dilutiùs aeneis, densè punctulatis; abdomine fusco-pubescente, subtiliter punctato.

Long 0,008 à 0,011 (4 à 5 lignes).

♂. *Tarses antérieurs* légèrement dilatés. *Sixième segment ventral* arcuément échancré. *Tête* en carré transversal, presque aussi large que le prothorax.

♀. *Tarses antérieurs* simples. *Sixième segment ventral* obtusément arrondi. *Tête* orbiculaire, beaucoup plus étroite que le prothorax.

Corps allongé, légèrement convexe; brillant.

Tête légèrement convexe; brillante, d'un noir bronzé, garnie sur les côtés de quelques longs poils obscurs, et marquée entre les yeux de quatre points enfoncés transversalement disposés, et derrière les mêmes organes, d'autres points forts et assez nombreux. *Parties de la bouche* d'une couleur de poix obscure. *Yeux* grands, ovales, peu saillants, noirs.

Antennes un peu plus longues que la tête et le prothorax réunis; pubescentes; entièrement noires, avec les articulations quelquefois plus ou moins ferrugineuses; à premier article en massue allongée et légèrement arquée : les deuxième et troisième allongés, le troisième plus grand que le précédent : les quatrième à dixième subobconiques, graduellement plus courts et plus épais : les huitième à dixième non transversaux, pas plus larges que longs : le dernier, ovale, échancré au sommet et inférieurement acuminé.

Prothorax un peu plus étroit que les élytres, un peu plus court que large, un peu rétréci en avant, tronqué au sommet et arrondi à la base; les côtés, arrondis antérieurement, subsinueux près des angles postérieurs : ceux-ci obtus, les antérieurs arrondis; légèrement convexe; d'un noir bronzé brillant, garni sur les côtés de quelques longs poils obscurs; peu ou point déprimé latéralement; marqué sur le dos de deux séries de quatre points également distants et assez forts, et sur les côtés, sans compter ceux de la marge, de cinq autres points semblables et disposés sans ordre.

Ecusson pubescent, densement ponctué, d'un noir bronzé.

Elytres un peu plus larges que le prothorax ; d'un bronzé plus ou moins clair, densement ponctuées ; légèrement convexes ; couvertes d'une pubescence couchée grisâtre, et garnies sur les côtés de quelques longs poils obscurs.

Abdomen assez densement ponctué, d'un noir brillant ; couvert d'une pubescence couchée, obscure, et garni sur les côtés de quelques longs poils noirâtres.

Dessous du corps d'un noir brillant, assez densement et finement ponctué, plus fortement et plus rarement sur le ventre : celui-ci pubescent. *Anus* garni de longs poils d'un fauve obscur.

Pieds pubescents, noirâtres, avec les tarses et les tibias couleur de poix : ceux-ci épineux. *Cuisses* ponctuées.

Var. Les ♂ peu développés ont la tête, comme la ♀, orbiculaire et beaucoup plus étroite que le prothorax.

Patrie: Lyonnais, Bourgogne, dans les champignons décomposés.

Obs. Cette espèce est intermédiaire entre le *Ph. carbonarius* Gyl. et le *Ph. aeneus* Rossi, quant à la ponctuation de son abdomen qui est plus serrée que dans le premier, et moins que dans le deuxième. Elle se distingue de l'*aeneus* par les tarses antérieurs des ♂ qui sont peu dilatés ; de tous deux par une taille moindre et plus étroite, par son prothorax non déprimé sur les côtés, et surtout par ses antennes plus grêles, à articles plus allongés et dont les pénultièmes ne sont point transversaux. En outre chez les ♂ des *Ph. carbonarius* et *aeneus* le cinquième arceau ventral est légèrement échancré, et l'échancrure du sixième est aiguë, tandis que dans l'espèce qui nous occupe, le cinquième arceau ventral n'est nullement échancré, et l'échancrure du sixième est seulement cintrée.

2. Ph. temporalis.

Leviter convexus, niger, nitidus, antennis pedibusque concoloribus, capite thorace elytrisque nigro-subaeneis ; capite subquadrato suprà oculos fortiter confertim punctato ; elytris abdomineque fusco-pubescentibus, densè punctulatis.

♀. *Tarses antérieurs* très-légèrement dilatés. *Sixième segment ventral* obtusément arrondi ou subsinueux au sommet.

Corps allongé, légèrement convexe; brillant.

Tête légèrement convexe, carrée, un peu rétrécie en avant, plus étroite que le prothorax ; d'un noir légèrement métallique ; garnie sur les côtés de quelques longs poils obscurs ; marquée entre les yeux de quatre gros points transversalement disposés, et, derrière les mêmes organes, de points semblables rugueux et serrés. *Parties de la bouche* d'un noir de poix. *Yeux* assez grands, ovales, subdéprimés ; obscurs.

Antennes de la longueur de la tête et du prothorax réunis ; pubescentes, entièrement noires ; à premier article en massue allongée : les deuxième et troisième allongés, le troisième un peu plus long que le précédent : les quatrième à dixième subobconiques, graduellement plus courts et plus épais : les septième à dixième légèrement transversaux : le dernier, ovale, échancré au sommet, inférieurement subacuminé.

Prothorax un peu plus étroit que les élytres, un peu plus court que large, un peu rétréci en avant, tronqué au sommet et arrondi à la base ; les côtés légèrement arrondis en avant, subsinueux près des angles postérieurs : ceux-ci légèrement, les antérieurs fortement arrondis ; légèrement convexe ; d'un noir légèrement métallique; légèrement déprimé sur les côtés; garni latéralement de quelques longs poils obscurs ; marqué sur le dos de deux séries de quatre gros points également distants, et sur les côtés, outre ceux de la marge, de cinq points semblables et épars.

Ecusson pubescent, densement ponctué, d'un noir bronzé.

Elytres un peu plus longues que le prothorax ; pubescentes ; légèrement convexes ; peu brillantes, densement ponctuées ; d'un noir bronzé p'us ou moins obscur ; garnies latéralement de deux ou trois longs poils noirâtres.

Abdomen d'un noir brillant ; pubescent, couvert d'une pubescence couchée, obscure ; assez densement ponctué, et garni sur les côtés de quelques longs poils noirâtres.

Dessous du corps d'un noir brillant, pubescent, un peu moins densement ponctué que sur le dos de l'abdomen. *Anus* garni de longs poils obscurs.

Pieds pubescents, noirs, avec les genoux quelquefois couleur de poix. *Tibias* épineux. *Cuisses* ponctuées.

Patrie : Suisse. Rare, dans les mousses.

Obs. Cette espèce diffère de la précédente par ses antennes plus courtes, à pénultièmes articles plus transversaux, et de toutes les voisines par sa tête grossièrement et densement ponctuée derrière les yeux. Elle a le faciès du *Ph. lucens* Mann. dont elle se distingue par sa tête plus large, plus carrée et par ses élytres plus longues.

3. **Ph. signaticornis.**

Elongatus , subdepressus , niger , ore, pedibus antennisque fusco-testaceis , harum basi apiceque tarsisque dilutioribus, ano piceo ; capite thoraceque utrinque punctatis, nitidissimis; elytris subnitidis, densè punctatis; abdomine opaco subtiliter cinereo-pubescente , subtilissimè confertim punctulato.

Long. 0ᵐ,004 à 0m,005 (1 1/2 à 1 2/3 ligne).

♂ *Tarses antérieurs* fortement dilatés. *Sixième segment ventral* arcuément échancré.

♀ *Tarses antérieurs* dilatés. *Sixième segment ventral* obtusément arrondi, subtronqué et quelquefois légèrement sinueux.

Corps allongé , subdéprimé.

Tête un peu plus large que le prothorax , en carré long, légèrement convexe ; lisse au milieu, latéralement assez fortement
mais peu densement ponctuée ; garnie sur les côtés de deux ou
trois longs poils obscurs; d'un noir brillant, avec les *parties de
la bouche* d'un testacé obscur.

Antennes légèrement pubescentes ; plus courtes que la tête et
le prothorax réunis ; d'un testacé obscur, avec le premier article
et les trois ou quatre derniers plus clairs ; à premier article
elliptique, allongé : les deuxième et troisième en cône allongé, le troisième un peu plus court et plus grêle que le précédent : les quatrième à dixième subobconiques, graduellement plus épais et plus
courts : le dernier en ovale très court, obliquement tronqué au
sommet, et fortement acuminé en dessous.

Prothorax d'un tiers plus étroit que les élytres, en carré long,
un peu plus étroit postérieurement, obliquement tronqué au
sommet, légèrement arrondi à la base ; les côtés largement arrondis en avant, subsinueux près des angles postérieurs qui
sont obtus ou très-légèrement arrondis , les antérieurs fortement
arrondis ; d'un noir brillant; légèrement convexe ; lisse au milieu,
couvert sur les côtés d'une ponctuation vague assez forte, et
latéralement garni de deux ou trois longs poils obscurs.

Ecusson d'un noir peu brillant , parcimonieusement ponctué.

Elytres de la longueur du prothorax ; un peu moins brillantes
que lui; noires ; assez densement et finement ponctuées ; garnies
d'un léger duvet, très-court, peu serré et peu apparent, et portant
aux épaules deux ou trois longs poils obscurs.

Abdomen un peu plus étroit que les élytres à sa base , légèrement arrondi sur les côtés ; d'un noir opaque; couvert d'un
léger duvet d'un gris obscur et assez serré ; très-finement et
densement ponctué sur les cinq premiers segments, le sixième
beaucoup moins densement ponctué , d'une couleur de poix au
sommet.

Dessous du corps densement ponctué, d'un noir assez brillant, avec l'extrémité du sixième segment ventral d'un brun de poix.

Pieds pubescents, d'un testacé obscur, avec les tarses ordinairement plus clairs ; quelquefois testacés, avec le milieu des cuisses et des tibias plus obscurs.

Var. Les élytres et l'abdomen sont souvent d'un brun ferrugineux ; d'autres fois le corps est entièrement d'un roux testacé, avec la tête noire, et l'abdomen d'un ferrugineux opaque.

Patrie : Lyonnais. Bugey. Assez commun parmi les détritus végétaux, au bord des marais et des rivières.

Obs. Cette espèce , surtout la variété claire , doit ressembler au *Ph. palmula* Er., mais cette phrase *abdomen suprà læve* ne permet pas de l'y rapporter. Elle se distingue du *Ph. elongatulus* Er. par sa forme moins étroite, ses antennes plus courtes, plus obscures au milieu, et surtout par son abdomen plus opaque et plus densement ponctué. Elle ressemble davantage au *Ph. cinerascens* Gr., mais elle a l'abdomen moins densement ponctué , moins pubescent, et les élytres plus brillantes ; l'échancrure du sixième segment ventral du ♂ est aussi moins aiguë.

FAM. DES **PÆDERINI.** Er.

GENRE **SCYMBALIUM.**

S. longicolle.

Elongatum , depressum, nigro-piceum, elytris piceis , antennis elongatis palpisque flavis , pedibus anoque fusco-testaceis ; thorace oblongo capiteque nitidissimis , parciùs fusco-pilosellis ; abdomine elytrisque densiùs griseo-pubescentibus, opacis, confertim exasperatopunctulatis.

Long. 0ᵐ,005 à 0ᵐ,006 (2 1/3 à 2 1/2 ligne).

Corps allongé, déprimé.

Tête un peu plus large que le prothorax, dont elle est séparée par un col assez étroit ; allongée, déprimée, un peu rétrécie en avant, légèrement échancrée à la base ; lisse au milieu, parcimonieusement ponctuée sur les côtés: ceux-ci garnis de longs poils obscurs; d'un noir de poix brillant, avec les *parties de la bou-che* ferrugineuses. *Palpes* testacés. *Yeux* petits , subdéprimés ; noirs.

Antennes légèrement pubescentes et pilosellées; subfiliformes; un peu plus longues que la tête et le prothorax réunis ; entière-ment d'un testacé clair; à premier article en massue, de la lon-gueur des deux suivants réunis : les deuxième et troisième en cône allongé: celui-ci un peu plus long que le précédent: les quatrième à septième elliptiques: les huitième à onzième ova-laires: celui-ci acuminé au sommet.

Prothorax en carré long; antérieurement de la largeur des élytres à leur base, rétréci postérieurement ; d'un tiers plus long que large ; tronqué au sommet et à la base; à côtés droits ; à angles arrondis; subdéprimé ; d'un noir de poix très-brillant ; très-finement et très-parcimonieusement ponctué sur les côtés, où sont insérés quelques longs poils obscurs.

Ecusson couleur de poix , ponctué.

Elytres plus courtes que le prothorax; très-déprimées ; un peu plus larges postérieurement ; couvertes d'une ponctuation fine et serrée, comme granuleuse ; garnies sur toute leur sur-face d'un duvet serré , grisâtre , et vers les épaules de quelques longs poils obscurs ; d'une couleur de poix très-peu brillante, quelquefois roussâtre, d'autres fois plus obscure.

Abdomen largement rebordé; un peu élargi en son milieu , arrondi sur les côtés, assez brusquement rétréci en arrière à partir des deux tiers de sa longueur ; garni sur le dos d'une pu-bescence couchée , grisâtre et serrée, et sur les côtés de quel-ques longs poils obscurs ; couvert d'une ponctuation comme gra-nuleuse, fine et serrée ; d'un noir de poix très-brillant, avec le bord apical du cinquième segment et le sixième d'un testacé obscur.

Dessous du corps ponctué; d'un noir assez brillant, avec l'anus d'un testacé plus ou moins obscur.

Pieds pubescents ; d'un testacé obscur, avec les tarses plus clairs : les postérieurs à premier article allongé : les deuxième à quatrième graduellement plus courts. Cuisses épaisses, latéralement comprimées.

PATRIE : Hyères. Mars, avril; sous les pierres, au bord des salines.

GENRE **LITHOCHARIS**. ERICHS.

L. rufa.

Elongata, leviter convexa, subnitida. ferruginea, capite pectoreque fuscis; capite thoraceque fortiùs rugoso·punctatis, hoc spatio medio laevi angusto, subelevato ; elytris punctatis, ad suturam longitudinaliter impressis, angulo externo infuscato ; abdomine subtiliter confertim punctato, fulvescenti-griseo-pubescente.

Long. 0,004 à 0,005 (2 à 2 1/3 lign.)

♂ *Cinquième segment ventral* profondément et carrément échancré, prolongé de chaque côté en une forte dent, noire au sommet et intérieurement comme spongieuse. Le *sixième segment* profondément échancré, l'échancrure arrondie.

♀ *Cinquième segment ventral* simple. *Sixième segment* légèrement prolongé en forme de triangle.

Corps allongé, subdéprimé.

Tête à peine plus large que le prothorax, mais un peu plus longue, en carré.long, rétrécie en avant, à côtés droits ou très-légèrement arrondis, pilosellés ; densement et rugueusement ponctuée avec un espace lisse très-étroit au milieu du front ; d'un noir opaque avec les *Mandibules* couleur de poix et les *Palpes* ferrugineux. *Yeux* médiocres, peu saillants, noirs.

Antennes pilosellées ; un peu plus courtes que la tête et le prothorax réunis ; entièrement ferrugineuses ; à premier article en massue allongée : les deuxième et troisième en cône allongé : le troisième un peu plus long que le précédent : les quatrième à dixième graduellement plus courts : les quatrième à sixième obovales : les septième à dixième pas plus larges que longs : le dernier en ovale court, brusquement acuminé.

Prothorax un peu plus étroit que les élytres ; en carré très-légèrement transversal, un peu rétréci en arrière, à côtés droits ; obliquement tronqué au sommet et simplement à la base : les angles antérieurs obtus : les postérieurs légèrement arrondis; d'un ferrugineux assez brillant; légèrement convexe; rugueusement et un peu plus grossièrement ponctué que la tête, avec une ligne longitudinale lisse au milieu, étroite et légèrement élevée ; garni sur les côtés de quelques longs poils obscurs.

Ecusson ponctué, ferrugineux.

Elytres près d'une moitié plus longues que le prothorax ; couvertes d'une pubescence grisâtre, fine et peu serrée ; légèrement convexes, longitudinalement déprimées vers la suture ; beaucoup plus finement et moins densement ponctuées que la tête et le prothorax ; d'un ferrugineux assez brillant, avec l'angle externe rembruni.

Abdomen couvert d'une pubescence assez serrée, d'un fauve grisâtre; densement et finement ponctué; très-peu brillant; garni sur les côtés et surtout à l'extrémité de longs poils brunâtres ; marqué sur le dos de deux séries de points enfoncés assez forts ; d'un ferrugineux un peu obscur, avec les cinquième et sixième segments un peu plus clairs.

Poitrine d'un noir brillant ; parcimonieusement ponctuée et légèrement pubescente. *Ventre* couvert d'une pubescence serrée d'un fauve grisâtre; peu brillant ; d'un ferrugineux obscur, avec les cinquième et sixième segments plus clairs ; densement et finement ponctué.

Pieds pubescents, d'un ferrugineux assez clair, avec les trochanters plus obscurs.

Patrie : Lyonnais. Assez rare; parmi les mousses et les feuilles tombées.

Obs. Cette espèce est facile à confondre avec la *Lith. fuscula* Er., dont elle se distingue par une taille un peu plus grande et par la ponctuation beaucoup plus forte de la tête et du prothorax. Les élytres et l'abdomen sont aussi moins finement ponctués et moins pubescents. Enfin les échancrures des cinquième et sixième segments ventraux sont beaucoup plus profondes, celle du cinquième est carrée et limitée latéralement par des dents beaucoup plus saillantes.

GENRE **STILICUS**. Latr.

St. festivus.

Elongatus, leviter convexus, nitidus, niger, scutello concolore, capite, thorace, mesosterno coxisque 4 anticis rufo-sanguineis, antennarum apice tarsisque fusco-testaceis ; capite orbiculato, confertim punctato, thorace oblongo, utrinque parciùs punctato, lineâ mediâ laevi ; elytris subtiliter punctatis, apice pallidis ; abdomine subtilissimè densè punctulato, breviter cinereo pubescente; labro bidenticulato.

Long. 0.005 à 0,006 (2 1/2 à 3 lign.)

♂. *Quatrième segment ventral* marqué au sommet d'une impression triangulaire à bords relevés et ciliés de poils grisâtres. Le *cinquième* subbissinueux au sommet, et creusé en son milieu d'une excavation peu profonde à côtés relevés en carène et ciliés de poils obscurs. Le *sixième* subtriangulairement échancré.

Corps allongé, légèrement convexe, brillant.

Tête orbiculaire, un peu rétrécie en avant ; beaucoup plus large que le prothorax ; de la largeur des élytres ; convexe ; couverte d'une ponctuation assez forte, un peu rugueuse et assez serrée sur les côtés, plus lâche sur le front qui offre en son milieu un petit espace lisse ; subopaque sur les côtés, assez brillante au milieu, et d'un rouge sanguin. *Labre* transversal; ponctué; bidenticulé au sommet ; noir, avec la marge d'une couleur de poix testacée. *Mandibules* ferrugineuses. *Palpes labiaux* testacés.

6

Palpes maxillaires couleur de poix, avec les articulations et le sommet du troisième article plus clairs.

Antennes beaucoup plus courtes que la tête et le prothorax réunis; pubescentes; obscures, avec les articulations et l'extrémité plus claires ; à premier article en massue allongée : les deuxième et troisièmes allongés : celui-ci de moitié plus long que le précédent : les quatrième à dixième subcylindriques, graduellement plus courts et plus épais : les huitième à dixième pas plus longs' que larges : le dernier, ovale, acuminé.

Prothorax oblong; près de deux fois plus étroit que les élytres; antérieurement atténué à partir du milieu, un peu rétréci en arrière ; tronqué au sommet, légèrement sinueux à la base ; convexe : brillant ; d'un rouge sanguin, et couvert sur les côtés d'une ponctuation peu profonde et peu serrée, avec un espace longitudinal lisse au milieu, assez large.

Écusson fortement ponctué, d'un noir brillant.

Élytres un peu plus longues que le prothorax ; subdéprimées ; légèrement et assez densement ponctuées; couvertes d'une pubescence cendrée, fine et peu serrée ; d'un noir brillant, avec le bord apical d'un testacé pâle.

Abdomen plus étroit que les élytres à sa base ; arrondi sur les côtés; largement rebordé; postérieurement un peu élargi; convexe; densement et finement ponctué; couvert d'une pubescence cendrée, fine et serrée ; d'un noir peu brillant ; les trois premiers segments transversalement déprimés à leur base : le sixième assez parcimonieusement ponctué.

Mésosternum d'un rouge sanguin. *Prosternum* d'un noir brillant ; parcimonieusement pubescent et ponctué. *Ventre* d'un noir opaque ; densement et finement ponctué ; couvert d'une pubescence grisâtre, fine et serrée.

Pieds allongés, assez grêles; pubescents; noirs avec les *Hanches antérieures et intermédiaires* d'un rouge sanguin, et les *Tarses* d'un testacé obscur ; le premier article des intermédiaires et des postérieurs un peu rembruni.

Patrie : Vallée de Sauvebonne près d'Hyères ; dans les débris accumulés par le Gapau. Mars.

Obs. Cette jolie espèce qu'on prendrait au premier coup d'œil pour une variété du *St. fragilis* Gr., s'en distingue bien facilement. Outre la couleur rouge de sa tête et la couleur obscure des pieds antérieurs, elle est plus petite et plus brillante. Son prothorax est moins ponctué et nullement canaliculé, et les élytres beaucoup plus légèrement ponctuées. Enfin chez le ♂ le quatrième segment ventral est simplement impressionné au sommet et non tuberculé, et l'excavation du cinquième est bien moins profonde. L'écusson est noir, tandis qu'il est rougeâtre dans le *St. fragilis*.

PLANCHE I.—i.

Fig. 1. Tarses antérieurs du *Catopsimorphus pilosus*, ♂, b. ♀.

Fig. 2. Tibias intermédiaires du *Catopsimorphus pilosus*, a. ♂, b. ♀.

Fig. 3. Antenne du *Catopsimorphus pilosus*.

Fig. 4. Antennes de l'*Anobium pusillum*, a. ♂, b. ♀,

Fig. 5. Antennes de l'*Anobium longicolle*, a. ♂, b. ♀.

Fig. 6. Antennes de l'*Anobium compressicorne*, a. ♂, b. ♀.

Fig. 7. Antennes de l'*Anobium rugicolle*, ♀.

PLANCHE. I—.ii.

Fig. 1. Tête, antennes et prothorax du *Bothriophorus atomus*.

Fig. 2. Prosternum, mesosternum et metasternum du *Botriophorus atomus*.

Fig. 3. Prosternum, mesosternum et metasternum de la *Syncalypta spinosa* Rossi (*arenaria* Sturm.).

Fig. 4. Prosternum, mesosternum et metasternum du *Limnichus pygmœus* Sturm.

Fig. 5. Tibia et tarse du *Bothriophorus atomus*.

Fig. 6. Tibia et tarse de la *Syncalypta spinosa*.

PLANCHE II—i.

Fig. 1. *Homalota* (*Sipalia*) *difformis* grossi.

Fig. 2. Différences sexuelles de l'*H. difformis*.

Fig 3.   id.   id.   de l'*H. meridionalis*.

Fig. 4.   id.   id.   de l'*B. subterranea*.

Fig. 5.   id.   id.   de l'*H. lævicollis*.

Fig. 6. Antenne de l'*Homalota fusicornis*.

Fig. 7. Différences sexuelles de l'*Aleochara discipennis*.

Fig. 8.   id.   id   de l'*Aleochara rufipes*.

Fig. 9.   id.   id.   de l'*Aleochara diversa*.

PLANCHE II—II.

Fig. 1. Différences sexuelles du *Tachinus humeralis* var. *rufescens.*

Fig. 2. Différences sexuelles du *Tachinus humeralis* type.

Fig. 3. Différences sexuelles du *Tachinus luticollis* Gn.

Fig. 4.   id.   id   du *Tachinus marginellus* F.

Fig. 5. { *a.* Sixième segment ventral du *Philonthus tenuicornis* ♂.
{ *b.*   id.   id.   des *Ph. carbonarius* et *æneus* ♂.

Fig. 6. { *a.*   id.   id.   du *Philonthus signaticornis* ♂.
{ *b.*   id.   id.   du *Philonthus cinerascens* ♂.

Fig. 7. { *a.* Cinquième et sixième segments ventraux de la *Lithocharis rufa* ♂.
{ *b.* Cinquième et sixième segments ventraux de la *Lithocharis fuscula* ♂.

Fig. 8. *a.* Quatrième, cinquième et sixième segments ventraux du *Stilicus festivus* ♂.

b. Quatrième, cinquième et sixième segments ventraux du *Stilicus fragilis* ♂.

DESCRIPTION

DE

TROIS COLÉOPTÈRES NOUVEAUX

DE LA FAMILLE DES SCYMNIENS,

PAR

E. MULSANT et Cl. REY.

(Lue à l'Académie des sciences, belles-lettres et arts de Lyon ,
le 11 janvier 1853.)

Scymnus (pullus) alpestris.

*Ovalis, pubescens, niger. Elytris margine brevi apicali et puncto rubro-
testaceis : puncto ante tertium partem longitudinis, suturae sat vicino,
Tibiis tarsisque flavo-fulvis.*

Long. 0,0017 (3/4 l.). Larg. 0,0013 (3/5 l.).

Corps ovale ; médiocrement convexe et pubescent en dessus.
Tête pointillée, noire: bord antérieur du labre, fauve. *Palpes* et
Antennes d'un fauve testacé. *Prothorax* médiocrement élargi
d'avant en arrière et en ligne presque droite sur les côtés ; très-
étroitement rebordé à ceux-ci ; en arc dirigé en arrière à la
base ; plus de deux fois aussi large à celle-ci que long dans son
milieu ; d'un quart moins court à celui-ci que sur les côtés ; convexe ; pointillé ; noir ; pubescent. *Ecusson* triangulaire ; noir.
Elytres trois fois à trois fois et demie aussi longues que le prothorax dans son milieu ; subparallèles ou à peine arquées jusqu'aux trois-quarts, obliquement tronquées ou subarrondies à

leur extrémité et laissant à découvert le pygidium; médiocrement convexes; moins finement et moins superficiellement pointillées que le prothorax ; chargées d'un calus huméral apparent;
noires, parées chacune de deux taches d'un rouge jaune : l'une
ronde, couvrant à peu près des trois aux quatre cinquièmes de
la longueur, et du sixième voisin de la suture aux deux tiers de la
largeur, vers les deux tiers de la longueur : l'autre, moins apparente, moins nettement limitée, formant une bordure externe au
quart postérieur des élytres. *Dessous du corps* noir, avec le bord
des deux derniers arceaux fauve; pubescent. *Plaques pectorales*
prolongées au moins jusqu'aux deux cinquièmes de la longueur
comprise entre les hanches intermédiaires et postérieures. *Plaques
abdominales* en arc dont le relief est affaibli en se rapprochant de
l'épimère du postpectus qu'elles atteignent vers la moitié de son
bord postérieur ; prolongées jusqu'aux cinq sixièmes de la longueur
de l'arceau. *Pieds* : cuisses noires : jambes et tarses d'un fauve
jaune.

Cette espèce a été prise par M. le capitaine Godard dans les
environs de Briançon.

Ons. Elle a de l'analogie avec le *Sc. biverrucatus*, par la tache
ronde de ses élytres, mais elle s'en distingue par la position un
peu différente de cette tache ; par sa bordure rouge postéro-externe et par la forme de ses plaques abdominales.

Scymnus (pullus) anomus.

*Ovato-oblongus, pubescens, niger, elytris aliquando nigro-piceis, callo
humerali destitutis : antennis, palpis, tibiis tarsisque rubro-testaceis.
Laminis abdominalibus integris, postice rotundatis, ultra tertiam
partem segmenti prolongatis, similiter punctis haud parvis notatis.*

Long. 0,0017 (2/3 l.). Larg. 0,0009 (2/5 l.).

Corps en ovale oblong ou allongé; médiocrement convexe;
garni d'un duvet cendré, court et peu dense; noir, avec ses élytres parfois d'un noir moins obscur ou d'un noir brun, surtout

et d'une manière graduelle vers l'extrémité. *Tête* noire. *Palpes maxillaires* d'un rouge testacé ou d'un rouge livide, parfois avec l'extrémité obscure. *Antennes* d'un rouge testacé ou livide. *Prothorax* élargi d'avant en arrière en ligne assez faiblement, mais sensiblement courbe, qui rend les angles postérieurs émoussés ou moins prononcés ; en angle très-ouvert ou en arc dirigé en arrière à sa base ; deux fois et demie aussi large à son bord postérieur que long dans son milieu ; noir. *Écusson* noir ; en triangle subéquilatéral. *Élytres* trois fois au moins aussi longues que le prothorax dans son milieu ; élargies en ligne courbe jusqu'au tiers, rétrécies ensuite jusqu'aux trois-quarts ou un peu plus, c'est-à-dire jusqu'à la partie postéro-externe qui est arrondie, obliquement coupées de là à l'angle sutural ; couvrant ou à peu près le pygidium ; médiocrement convexes ; moins finement pointillées que le prothorax ; sans calus huméral ; noires, parfois en majeure partie ou graduellement d'une teinte moins obscure. *Dessous du corps* noir ou parfois d'un noir brun ou même d'un brun à peine rougeàtre : anus ou bord postérieur du dernier arceau ordinairement rougeàtre. *Plaques abdominales* complètes, prolongées jusqu'aux cinq sixièmes de la longueur de l'arceau, arrondies à leur partie postérieure, liées ou à peu près par la partie basilaire de leur côté externe, avec le bord extérieur de l'abdomen, rapprochées de lui postérieurement. *Pieds* : cuisses variant d'un brun ou brun noir au rouge testacé brunâtre : jambes et tarses d'un rouge livide ou d'un livide rougeàtre.

Patrie : Hyères (Var), en mars et avril, parmi les détritus des marais salants.

Obs. Cette espèce a beaucoup d'analogie avec les variétés noires du *Sc. Redtenbacheri*, dont elle se distingue facilement par ses plaques complètes et plus longuement prolongées ; elle s'éloigne des *Sc. scutellaris* et *discoideus* par les côtés du prothorax moins droits, sensiblement en ligne courbe ; par les angles postérieurs du même segment émoussés et moins prononcés ; par les élytres

sans calus huméral ; par ses plaques abdominales plus postérieurement prolongées, plus arrondies en arrière, joignant le bord
externe du premier arceau ventral à sa base et presque sur
le quart basilaire de leur côté externe, plus grossièrement et uniformément ponctuées, au lieu d'être en partie lisses dans leur seconde moitié.

GENRE CŒLOPTERUS , COELOPTÈRE.

Κοΐλος, enfoncement ; πτερόν, aile.

CARACTÈRES. *Antennes* insérées vers la partie antero-interne des
yeux ; prolongées jusqu'au quart ou presque jusqu'au tiers du
prothorax ; à massure fusiforme. *Épistome* un peu plus avancé
que les yeux ; non échancré ; voilant en partie le labre : celui-ci,
très-court, transverse. *Prothorax* embrassant les côtés des yeux,
à sinuosités postoculaires très-marquées. *Elytres* à peine plus
larges en devant que le prothorax à ses angles postérieurs ; non
arrondies à l'angle huméral ; non striées ; creusées sur leur repli
de fossettes très-marquées pour loger l'extrémité des cuisses intermédiaires et postérieures. *Jambes de devant* aussi grêles que
les autres, c'est-à-dire non dilatées sur leur tranche externe. *Plaques abdominales* incomplètes, prolongées à leur côté interne jusqu'au bord postérieur du premier arceau ventral, avec lequel
elles se confondent ensuite. *Corps* pubescent.

Cette coupe nouvelle appartenant aux Coléoptères Trimères
Sécuripalpes, branche des Scymniaires, doit être placée entre les
genres *Clanis* et *Bucolus*.

Cœlopterus salinus.

Subhemisphæricus, totus niger, parcè pubescens.

Long. 0,017 (2'3 l.). Larg. 0,0011 (1/2 l.).

Corps très-brièvement ovale ou subhémisphérique ; noir ; garni
d'un duvet court et peu apparent, en dessus. *Tête* pointillée.
Prothorax élargi d'avant en arrière en ligne droite ; peu ou point

rebordé sur les côtés; à angles postérieurs non émoussés; en angle très-ouvert et dirigé en arrière à la base ; deux fois et demie au moins aussi large à celle-ci que long dans son milieu; ponctué peu finement sur les côtés et d'une manière graduellement plus légère sur le disque. *Elytres* élargies jusque vers la moitié de leur longueur, rétrécies ensuite ; très-convexes; peu finement ponctuées; creusées sur leur repli de fossettes très-marquées. *Dessous du corps* assez grossièrement ponctué sur la poitrine, un peu moins grossièrement sur le ventre, mesosternum à peine échancré en arc à sa partie antérieure. *Côté interne des plaques abdominales* aboutissant au bord postérieur de l'arceau vers le quart externe de celui-ci.

Cette espèce se trouve au printemps dans les herbes sèches, au bord des salines du Pesquier, près Hyères (Var).

DESCRIPTION

D'UNE

ESPÈCE NOUVELLE DE COLÉOPTÈRE

DU GENRE **BOSTRICHUS**,

PAR

E. MULSANT et. CL. REY.

(Lue à l'Académie des sciences, belles-lettres et arts de Lyon,
dans sa séance du 1 mars 1853.)

Bostrichus Victoris.

Rufo-piceus, nitidiusculus, flavescenti-pilosus. Prothorace aspero. Elytris apice obtusè retusis, striato-punctatis. Punctis orbicularibus : serie primâ et sœpè secundâ striatâ : interstitiis rugulosis, seriato-punctatis, punctis minoribus, piligeris.

Long. 0,0039 à 0,0045 (1 3/4 à 2 l.) larg. 0,0012 à 0,015 (3/5 à 2/3 l.).

Corps cylindrique ; d'un rouge brun, ou brunâtre en dessus.

Tête une fois plus large que longue ; penchée ; chargée de fines granulations et de longs poils jaunâtres peu épais.

Labre densement pubescent ; d'un jaune orangé.

Mandibules noires, au moins à l'extrémité.

Antennes plus courtes que la tête ; d'un rouge brunâtre, à massue pubescente, plus pâle ou plus jaunâtre.

Prothorax arqué et sans rebord, en devant ; ovalaire, c'est-à-dire élargi à peu près jusqu'à la moitié et un peu moins sensiblement rétréci postérieurement ; presque tronqué ou faiblement arqué en arrière, à la base, sans rebord à cette dernière ; à angles antérieurs nuls, à angles postérieurs obtus et peu marqués ; plus long qu'il n'est large dans son milieu ; très-convexe ; râpeux ;

hérissé vers les bords antérieurs et latéraux de longs poils jaunâtres.

Ecusson assez petit ; lisse ; au moins aussi long que large ;
arrondi postérieurement.

Elytres d'un sixième ou d'un septième plus long que le prothorax à sa base, à peine plus large que ce dernier dans son
milieu ; d'un tiers au moins plus longues que lui ; parallèles ; cylin-
driques ; obtusément rétuses, ou déclives dans leur cinquième
postérieur ; ruguleuses, et plus sensiblement à leur partie antérieure qu'à la postérieure ; à neuf rangées longitudinales de petits
points donnant au moins en partie naissance à des poils jaunâtres
allongés : chacune de ces rangées séparée par une rangée de points
cycloïdes plus gros et non pilifères: la première de celle-ci, séparée
de la suture par une rangée de points pilifères, creusée, ainsi que
la seconde, d'une rainure ou d'une strie : la deuxième, ordinairement moins marquée ou moins apparente.

Dessous du corps d'un rouge brun ou brunâtre ; très-parcimonieusement hérissé de longs poils jaunâtres ; marqué de points
grossiers sur les côtés du segment prothoracique et des parties
pectorales suivantes ; noté sur les épimères du postpectus d'une
rangée de points plus petits, presque liés.

Ventre marqué de points semblables. Quatre derniers arceaux
de celui-ci séparés entre eux par un sillon.

Pieds à peine un peu plus clairs ; hérissés de longs poils jaunâtres, moins rares et assez épais : jambes comprimées, élargies
de la base à l'extrémité, dentelées sur l'arête inférieure.

Patrie : Faillefeu (Basses-Alpes), Juillet et Août.

Cette espèce a été découverte par M. Victor Mulsant à qui nous
l'avons dédiée.

DESCRIPTION

D'UNE

ESPÈCE NOUVELLE DE MALACHIE

PAR

Et. MULSANT. et Cl. REY.

(Présenté à l'Académie des sciences , belles-lettres et arts de Lyon ,
à la séance du 18 juillet 1853.)

***

Malachius cyanescens.

*Cærulescens, capite prothoraceque magis minusve viridi-cyaneis,
maculá subantennali, clypeo labroque apice testaceis, elytris im-
maculatis, pedibus, concoloribus.*

Malachius cyanescens GUILLEBEAU *in litter.*

(Long. 1 2/3 à 2 l. — Larg. 2/3).

Corps médiocrement allongé , subdéprimé, assez brillant sur
la tête et le prothorax , presque opaque sur les élytres ; couvert
d'un léger duvet soyeux et blanchâtre, et parsemé de poils
noirs et hispides.

Tête de la largeur du prothorax ; transversale ; marquée en
dedans vers les antennes de deux impressions obliques, au
milieu desquelles le front apparaît longitudinalement élevé ; d'un
vert bleuâtre, assez brillant, avec une tache, joignant en dessous l'insertion des antennes, testacée , ainsi que le bord antérieur des joues : cette tache s'étend en dehors jusqu'à la base
des mandibules. *Epistome* et *Labre* d'un noir métallique à leur
base, testacés à leur sommet. Les autres *parties de la bouche*
testacées, avec l'extrémité des *mandibules* et les *palpes maxillaires* noirâtres.

Antennes pubescentes ; noirâtres ; d'une moitié plus longues que la tête et le prothorax réunis ; à deuxième article plus court que les autres.

Prothorax un peu plus étroit que les élytres à leur base, un peu plus large que long; les côtés et la base légèrement, le sommet et les angles fortement arrondis ; assez convexe, obliquement impressionné de chaque côté vers les angles postérieurs qui sont relevés; d'un vert bleuâtre assez brillant, sans tache.

Elytres près de trois fois aussi longues que le prothorax ; finement ruguleuses ; peu brillantes, entièrement d'un bleu, quelquefois un peu verdâtre, sans tache à l'angle sutural; presque parallèles chez les ♂, un peu plus larges postérieurement chez les ♀.

Dessous du corps pubescent ; entièrement d'un vert obscur et quelquefois bleuâtre, avec le bord des *segments ventraux* membraneux et rosés.

Pieds pubescents ; assez grêles; d'un vert obscur et quelquefois bleuâtre. *Tarses* noirâtres, avec les crochets couleur de poix.

Patrie: Le Planil, sur la route de St-Chamond à Pilat. Mai, juin, sur le coudrier, Jura. (M. Chevrier).

♂ *Premier article des antennes* dilaté et prolongé en dessous en un tubercule anguleux, testacé; le *deuxième* également dilaté en dessous, mais arrondi. *Dernier segment ventral* longitudinalement fendu jusqu'à sa base.

♀ *Premier et deuxième article des antennes* non dilatés en dessous. *Dernier segment ventral* endu seulement à son sommet.

Obs. Cette espèce est voisine du *M. viridis* Fabr., surtout la variété à élytres sans tache. Elle en diffère par sa taille de moitié moindre, par ses antennes et ses pieds concolores, ainsi que par la couleur de l'épistome et du labre.

DESCRIPTION

D'UNE

ESPÈCE NOUVELLE DE CARABIQUE

DE LA FAMILLE DES **FÉRONIENS**,

PAR

E. MULSANT et Cl. REY.

(Lue à l'Académie des sciences, belles-lettres et arts de Lyon,

le   août 1852.)

Feronia (Pterostichus) alpicola.

*Aptera, nigra ; capite bisulcato ; prothorace subindistinctè ruguloso,
lineâ longitudinali mediâ, postice utrinque bistriato ; elytris oblongo-
ovatis, planiusculis, striatis ; interstitiis subconvexis: tertio punctis
quatuor (duobus anticis antè medium), externo seriatim punctato :
sexto breviori posticè incluso.*

Long. 0,0135 à 0,0157 (6 à 7 l.) larg. 0,0045 à 0,0052 (2 à 2 1/3 l.).

Corps suballongé ; presque plan, et d'un noir brillant, en dessus.

Tête lisse ; assez allongée ; ovalaire, un peu rétrécie après les
yeux ; chargée sur les côtés du front, au bord interne des yeux,
d'une sorte de rebord rétréci d'avant en arrière ; creusée de deux
sillons ou enfoncements , dépassant à peine en arrière le niveau
antérieur des yeux et prolongés sur une partie de l'épistome.
Labres et *mandibules* noirs. *Palpes* d'un noir brun ou d'un brun
noir, avec l'extrémité du dernier article et ordinairement la majeure partie des palpes maxillaires internes, d'un rouge brunâtre.

Antennes presque aussi longuement prolongées que la moitié du
corps; glabres, et d'un noir luisant sur leurs trois premiers articles;
pubescentes, et graduellement d'un brun grisâtre sur les suivants.

Prothorax presque tronqué en devant , avec les angles antérieurs un peu saillants; subcordiforme, c'est-à dire élargi en ligne
un peu courbe jusqu'au tiers, rétréci ensuite en formant une
sinuosité avant les angles de derrière qui sont presque parallèles ;

assez faiblement échancré en arc, à la base ; plus large en devant que la tête ; un peu plus long qu'il n'est large dans son diamètre transversal le plus grand ; presque plane ; luisant ; rebordé laté ralement, presque en forme de carène près des angles de devant ; marqué en dessus de rides transversales un peu onduleuses et souvent peu distinctes ; rayé longitudinalement d'une ligne médiane à peine prolongée jusqu'au bord antérieur ; marqué d'une impression en arc dirigé en arrière, naissant au bord antérieur, sur les limites du cou, et prolongée jusqu'au sixième de la longueur; creusé, vers chaque sixième externe de la base, d'une impression ou sillon longitudinal avancé environ jusqu'au tiers postérieur ; noté vers les angles postérieurs d'une fossette ou sillon près de moitié plus court.

Ecusson petit, triangulaire ; dépassant à peine le bord postérieur du repli.

Elytres en ovale allongé ; subarrondies aux épaules, presque parallèles ou faiblement élargies dans leur majeure partie médiaire; obtuses à l'extrémité ; légèrement sinueuses près de celle-ci; généralement un peu plus courtes que l'abdomen ; rebordées; presque planes ou très-faiblement convexes ; à neuf stries assez profondes et le commencement d'une dixième près de la suture ou entre la première et la deuxième. *Intervalles* lisses, brillants ; subconvexes : les cinquième et sixième, ordinairement plus courts et enclos par leurs voisins : le troisième marqué de quatre points : les deux premiers de ces points, transversaux, situés, l'un après le cinquième, l'autre après les deux cinquièmes de la longueur : les troisième et quatrième, plus petits, voisins de la deuxième strie aux trois quarts et cinq sixièmes de la longueur : le neuvième ou voisin du rebord, marqué de huit à dix points.

Dessous du corps et *pieds* noirs, luisants ; tarses bruns.

Patrie : Faillefeu (Basses-Alpes), Août et Septembre et probablement aussi au premier printemps.

DESCRIPTION

DE

DEUX COLÉOPTÈRES NOUVEAUX

DE LA TRIBU DES **FRACTICORNES**,

PAR

E. MULSANT et Cl. REY.

(Lue à la Société Linnéenne de Lyon le   novembre 1852.)

Prothorax lateribus unistriatus.

Elytris striâ marginali unicâ exteriore.

Hister myrmerophilus.

Ater, nitidus ; elytrorum striâ marginali basim non attingente, primâ et præsertim secundâ antice abbreviatis ; pygidio segmentoque præcedenti fere aequaliter et sat fortiter punctatis ; prothorace subtriangulari , posticè arcuato, lateribus unistriato, punctulato ; mesosterno emarginato; tibiis anticis, 4 vel 5-denticulatis.

Long. 0,0042 (1 7/8). Larg. 0,0029 (1/3).

Corps d'un noir brillant. *Front* uni; superficiellement pointillé; marqué d'une ligne peu profonde , en demi-cercle, presque tronqué en devant. *Labre* en demi-cercle , plus long que large. *Mandibules* une fois et demie à deux fois plus longues que le labre ; convexes en dessus ; pointillées. *Antennes* noires ; à bouton rouge, d'un tiers environ plus long que large. *Prothorax*, élargi en ligne un peu courbe sur les côtés ; peu ou point émoussé aux angles postérieurs ; faiblement arqué en arrière à la base ; lisse , rayé près des bords antérieurs et latéraux , d'un seul trait finement ponctué : chacun des latéraux à peu près en ligne droite, et sensiblement recourbé en dedans à son extrémité postérieure. *Elytres,* sensiblement élargies dans leur milieu ; à stries finement ponctuées : la première , nulle dans son tiers antérieur ou un peu plus ; la deuxième dépassant à peine les deux cinquièmes postérieurs de la longueur ; la marginale n'atteignant pas la base; la troisième presque aussi longue que les autres qui sont à peu près entières, ordinairement marquée au-devant de son extrémité antérieure de deux points obliquement dirigés en dedans. *Fossette latérale ,* densement ponctuée , extérieurement bornée par un bord lisse et imponctué. *Pygidium* et segment précédent couverts de points aussi rapprochés et à peu près aussi gros et aussi marqués. *Dessous du corps* noir ; densement ponctué sur les côtés. *Prosternum* triangulairement élargi dans son tiers postérieur ou un peu plus; visiblement pointillé , et rayé d'une strie de chaque côté de cette partie ; arqué à son bord postérieur. *Mésosternum* échancré , lisse , ainsi que les parties suivantes du milieu du corps. *Pieds* d'un rouge ferrugineux , un peu obscur ou d'un rouge brun. *Jambes de devant* armées ordinairement de cinq, quelquefois de quatre petites dents à peu près égales.

PATRIE : Le département du Rhône , dans les troncs de chêne, en compagnie de la *Formica fuliginosa.*

Cette espèce a tout le faciès de l'*H. corvinus* dont elle se distingue par ses mandibules convexes en dessus ; par son labre plus long que large; par la strie marginale du prothorax, ordinairement plus droite ; par l'existence de la strie marginale des élytres ; par le pygidium à peu près aussi fortement ponctué que le segment précédent ; par son prosternum arqué à son bord postérieur, pointillé sur sa surface , strié latéralement; par son mésosternum visiblement échancré. Elle doit être placée entre les *H. carbonarius* et *purpurascens* ; elle diffère du premier par sa

taille toujours moindre ; par la troisième strie des élytres toujours presque entière : par les première et deuxième moins
oblitérées; par son prosternum plus triangulaire, plus visiblement
ponctué, strié latéralement. Ce dernier caractère du prosternum ;
la strie du front sans sinuosité en devant ; celle du prothorax
plus droits; ses élytres sans taches, etc. , la distinguent sans
peine de l'*H. purpurascens*.

Saprinus ciliaris.

Brunneus; antennis, oculorum et corporis lateribus longe flavescenti ci-
liatis; prothorace ruguloso punctulato. Elytris punctatis inter primam
et secundam striam : primâ integrâ, anticè incurvatâ , cum secundâ
junctâ : hâc, posticè abbreviatâ : sequentibus subterminalibus. Tibiis
anticis dentibus tribus validis, basi denticulatis. Tibiis et tarsis inter-
mediis satis spinosulis longis ciliatis.

Long. 0,0028 (1 4 l.) larg. 0,0017 (3/4 l.)

Corps brun ou d'un brun rouge. *Tête* lisse , imponctuée ou à
peine pointillée : strie latérale du front, dépassant à peine les limites du rétrécissement antérieur , largement interrompu en
devant. *Labre* transverse , non échancré , parallèle , environ
quatre fois aussi large que long. *Mandibules* , près de deux fois
plus longuement prolongées que le labre; courbées en devant
presque à angle droit et paraissant, par là, obtuses ou tronquées.
Côté interne des yeux et *côté de la partie médiaire des antennes*
hérissés de long cils blonds et sétiformes : bouton de ces dernières, rougeâtre ou d'un rouge cendré. *Prothorax* élargi en ligne
presque droite ou légèrement et à peu près également courbe ;
assez faiblement convexe ; rayé latéralement d'une strie parallèle
à ce bord; marqué de sortes de rides formées par des espèces de
points squammiformes, plus faibles sur le dos que sur les côtés ;
inférieurement garni sur les côtés de longs cils blonds. *Elytres*
sensiblement élargies en ligne courbe jusqu'au cinquième de leur
longueur , rétrécies ensuite en ligne à peu près droite ; à stries
finement ponctuées : la première ou juxta-suturale entière, cour-

bée en demi-cercle en devant pour s'unir à la deuxième (qui est la première des stries obliques) : celle-ci, postérieurement raccourcie d'un tiers environ de la longueur des étuis : la troisième, presque terminale : les autres, à peu près terminales ; marquées, entre les première et deuxième stries, et vers la partie postérieure de l'espace existant entre les deuxième et troisième, de points médiocrement épais, plus affaiblis en devant; à peu près lisses sur le reste; hérissées de longs cils blonds vers les bords du repli. *Pygidium*, presque lisse ou superficiellement pointillé dans sa moitié postérieure, couvert dans sa moitié antérieure, ainsi que le segment précédent, de points arrondis ou en anneaux interrompus. *Dessous du corps* garni sur les côtés de longs poils blonds. *Prosternum* comprimé, presque tranchant sur les deux tiers antérieurs de son arête, rayé d'une ligne sur cette tranche, élargi en triangle dans son tiers postérieur, lisse sur cette partie, rayé d'une strie latérale, faiblement arqué en arrière à son bord postérieur. *Mésosternum* faiblement échancré en arc en devant ; rayé près de son bord antérieur d'une strie interrompue dans son milieu; lisse ainsi que les parties suivantes : bord postérieur du deuxième arceau ventral et des suivants garni de cils sétiformes. *Pieds* d'un rouge brun : cuisses hérissées de longs cils blonds sur leur tranche inférieure. *Jambes* comprimées : les antérieures longuement ciliées sur leur tranche inférieure ; armées de trois fortes dents et de quatre ou cinq autres petites plus rapprochées de la base, sur leur arête externe : les intermédiaires et postérieures, sensiblement arquées, denticulées et munies extérieurement de longues soies spinosules, d'un rouge livide. *Tarses* garnis de cils semblables.

Cette espèce a été découverte dans le mois de juin 1850, par M. Victor Mulsant, près de la Seyne-sur-Mer (Var). Elle vit dans les sables que les vagues entassent près des bords de la mer.

NOTICE

SUR

PÈDRE ORMANCEY,

PAR

E. MULSANT.

(Présentée à la Société Linnéenne de Lyon, le   décembre 1852.)

Ormancey (Pèdre) naquit à Dijon le 1er août 1811, d'une famille honorable. Son bisaïeul, Joseph Enaux, mort en 1798, son aïeul, Jean Tarnière, et son père, Antoine-Bernard Ormancey, y ont occupé successivement la place de chirurgien en chef des hôpitaux et des prisons de la ville. Le premier a publié, en communauté avec le docteur Chaussier, un travail estimé sur la rage (¹).

Héritier de parents qui s'étaient acquis, dans l'art de guérir, une réputation méritée, le jeune Ormancey était aussi appelé à suivre la même carrière. Mais pendant son enfance, il eut le malheur de perdre son père, et ce triste événement dut nécessairement avoir une influence fâcheuse sur sa destinée future. Après des études peut-être un peu incomplètes au collége de Chaumont (Haute-Marne), il fut envoyé à Paris en qualité d'élève en pharmacie. De là, il vint à Lyon vers les premiers jours d'avril 1832, et deux ans plus tard, le 23 septembre 1834, il reçut du jury médical de notre ville le diplôme de pharmacien. A dater de cette époque, il se fixa définitivement dans notre cité, en prenant la direction de l'établissement pharmaceutique qu'il a conservé jusqu'à la mort.

Dans cette position nouvelle, malgré l'assujettissement imposé par ses fonctions, il put trouver quelques loisirs pour reprendre

(¹) Méthode de traiter la morsure des animaux enragés et de la vipère, suivie d'un précis sur la pustule maligne. *Dijon*, et *Paris.Th. Barrois le jeune*, 1785, in-12.

l'étude des insectes qui avait fait le charme de ses jeunes années.
Tous les moments dont il pouvait disposer, sans nuire aux devoirs de son état, étaient donnés avec bonheur à l'accroissement
de sa collection et à l'étude des Coléoptères.

Vers cette époque, des cris de détresse s'élevaient de divers
points de la France, sur les dégâts occasionnés par la pyrale ; les
vignobles du Beaujolais et du Mâconnais étaient désolés par ce
fléau, et les propriétaires, menacés d'une ruine, demandaient à la
science des moyens de destruction contre l'insecte ennemi. Ormancey publia une brochure dans laquelle il proposait, comme
remède au mal, l'emploi des *Calosomes sycophante* et *inquisiteur*
dont il indiquait la manière de favoriser la multiplication ; mais
il n'avait pas encore assez attentivement étudié avec quel soin la
Nature sait donner aux divers animaux des ennemis proportionnés
à leur force ou à leur faiblesse.

En décembre 1848, il adressa à l'Institut un mémoire plus sé-
rieux, sur un moyen de reconnaître chez les insectes les limites
précises de l'espèce. Ce travail sera son plus beau titre de gloire.
Déjà dans diverses circonstances, quelques Entomologistes avaient
eu recours aux caractères indiqués par lui; mais on lui doit d'avoir
fait sentir d'une manière toute spéciale le parti qu'il est possible
de tirer de certains organes pour renfermer les espèces dans leurs
véritables bornes, et pour lever tous les doutes qui s'élèvent souvent à ce sujet. M. Flourens lut à l'Académie des sciences un extrait de ce travail ; un peu plus tard, il fut imprimé en entier dans
les Annales des sciences naturelles.

Vers la fin de l'année suivante, il adressa à l'Institut un *Mémoire sur la classification des insectes,* travail qu'il avait l'es-
poir de voir publié dans le recueil précité, mais qui jusqu'à ce
jour est resté inédit.

Les devoirs de sa profession délicate à laquelle il se dévouait
avec soin et intelligence, rendaient ses absences rares et difficiles,
et ne lui permettaient pas de se livrer avec toute l'ardeur de son

zèle à l'entomologie et surtout à la partie de cette science la plus
attrayante : la chasse, et l'étude, dans les champs, des mœurs de
ces petits animaux. Ces obstacles l'avaient poussé depuis quelques années à l'observation des infusoires. Déjà, en 1847, il avait
reconnu dans la mousse perlée une sorte de polypier, qui donne à
ces substances les qualités émulsives qui ont fait sa réputation.

En 1851, l'Institut reçut de lui un nouveau Mémoire sur les
eaux minérales de la France. Ce travail se divise en deux parties :
dans la première, il classe les eaux minérales, non par régions
comme on le fait ordinairement, mais par systèmes de montagnes
et par bassins : celles de chaque bassin sont divisées en thermales
et en froides. Dans la seconde partie, il traite de la composition
des boues des eaux douces, puis de celles des eaux minérales ; il
répartit celles-ci suivant la méthode divisionnaire exposée ci-
dessus, puis d'après leur composition chimique et d'après les êtres
organisés qu'elles contiennent. Ce mémoire était un prélude à son
travail plus étendu sur les infusoires des environs de Lyon.

Outre ces travaux zoologiques, Ormancey avait publié diverses
analyses, et avait envoyé au premier de nos corps savants des
observations sur la maladie du raisin attribuée également par lui
à l'*oïdium Tuckeri*.

Ormancey avait épousé, le 19 juin 1839, Mlle Amélie Chapelon
de notre ville ; il trouvait dans cette union et dans la compagnie
de sa mère ce bonheur de famille qui fait ici-bas le charme de
l'existence. Mais cette vie si douce devait être de courte durée. Vers
le commencement de l'été de 1852, une maladie de foie dont il
nourrissait le germe depuis quelque temps prit tout à coup un
caractère plus grave. Les eaux de Vichy furent conseillées ; mais
à peine en eut-il fait usage un jour ou deux, que leur emploi,
loin de réaliser les espérances sur lesquelles on se fondait, donna
au mal un développement plus rapide ; il revint à Lyon dans un
état alarmant. Au moment de son départ, il avait adressé à la Société Linnéenne son travail sur les infusoires ; sa main défaillante

n'a pas pu en corriger les épreuves. Après un mois et demi de souffrances que la religion lui apprit à supporter avec patience, il fut enlevé le 29 août 1852 à sa famille inconsolée, et aux amis qu'il s'était fait sans peine par son caractère obligeant et plein de douceur.

Voici la liste de ses travaux imprimés :

1. Moyen entomologique pour détruire la pyrale, à l'aide du *Calosome sycophante et inquisiteur. Lyon, L. Perrin*, 1837, in-8°.

2. Observations sur la silique du *Catalpa arborea*.

(Mémoires de la société médicale d'émulation de Lyon, t. 1 (1842), p. 228-231.)

3. Note sur la résine obtenue du Laurier-Cerise.

(Mémoires de la société médicale de Lyon, tom. 1 (1842), p. 232-233.)

4. Analyse d'un Bezoard de Chamois.

(Mémoires de la société médicale de Lyon, t. 1 (1842, p. 234-235.)

5. Observations sur la mousse perlée. *Lyon*, L. Perrin.

6. Mémoire sur l'étui pénial considéré comme limite de l'espèce dans les coléoptères.

(Comptes-rendus hebdomadaires des séances de l'Académie des sciences (séance du 11 décembre 1848, tom. 27, p. 606-608. — Extrait.)

(Annales des sciences naturelles. 3e série, tom. 12 (1849), p. 227-240, pl. 4, fig. 1 à 60.)

7. Observations analytiques sur les sources des eaux ferrugineuses de Charbonnières.

(Gazette médicale de Lyon, publiée par M. Barrier, 1re année (1849), n°15, p. 179-182.)

8. Recherches sur les eaux minérales de France.

(Comptes-rendus hebdom. des séances de l'Académie des sciences (séance du 30 juin 1851), tom. 32, p. 945-946. — Extrait.)

(Gazette médicale de Lyon, fondée et publiée par M. Barrier, tom. 3 (1851), p. 175-180 et p. 240-248, in-4.)

9. Observations sur la maladie du raisin.

(Comptes-rendus hebdom. des séances de l'Académie des sciences, n° 12 (séance du 22 septembre 1851, tom. 33, p. 320-321.)

10. Observations sur les infusoires des environs de Lyon.

(Annales de la Société Linnéenne de Lyon (1850-1852), p. 257-296 et 3 pl. gr.-in-8°.)

DESCRIPTION

DE

QUELQUES COLÉOPTÈRES

NOUVEAUX OU PEU CONNUS

DE LA TRIBU DES **LONGICORNES**,

SUIVIE

D'OBSERVATIONS

SUR DIVERSES ESPÈCES DE CETTE TRIBU,

Présentée à l'Académie des sciences, belles-lettres et arts de Lyon.
le 7 janvier 1851.

Par E. MULSANT.

FAMILLE DES **PRIONIENS**.

Ergates opifex.

Dessus du corps d'un brun de poix. Prothorax sensiblement relevé en rebord en devant, et plus sensiblement à la base ; rugueux en dessus, mais lisse ou comme marqué d'une cicatrice sur son milieu. Elytres d'un brun rouge, chargées de deux ou trois nervures longitudinales peu élevées.

Long. 0ᵐ,045 (20 l.) Larg. 0ᵐ,0160 (8 l.)

♀ *Tête* d'un brun de poix ; rugueuse ; creusée entre les antennes d'un sillon assez profond, prolongé en forme de ligne jusqu'au vertex. *Yeux* bruns ; peu échancrés. *Antennes* grêles ; à premier article renflé ; ponctuées ; dépassant à peine la moitié de la longueur des élytres. *Prothorax* sensiblement relevé en rebord en devant, et d'une manière plus marquée à la base ; crénelé, sans rebord et armé après le milieu d'une petite épine, de chaque côté ; à angles non émoussés ; brun ; fortement rugueux en-dessus, mais lisse ou comme marqué d'une cicatrice sur le milieu de la ligne médiane ; creusée sur celle-ci d'un sillon longitudinal. *Elytres* d'un brun

8

rouge; subruguleusement ponctuées; chargées de deux ou trois nervures ou lignes longitudinales peu élevées , n'atteignant pas l'extrémité. *Pieds* bruns ou d'un brun rougeâtre.

Patrie : l'Algérie.

Obs. Cette espèce a beaucoup d'analogie avec l'*E. faber* ; mais l'exemplaire unique dont je dois la communication à la complaisance de M. le capitaine Godart, diffère du Prionien précité, par une taille plus allongée ; par son prothorax moins régulièrement crénelé sur les côtés, sillonné longitudinalement sur sa partie médiaire , rebordé en devant, comme marqué d'une cicatrice sur son milieu; par ses élytres proportionnellement plus longues, plus finement ruguleuses , et chargées de nervures plus apparentes. Je n'ai vu que la ♀.

FAMILLE DES **CÉRAMBYCINS**.

Clytus angusticollis.

Corps d'un noir brun, pubescent. Prothorax renflé dans son milieu; d'un quart plus long que large. Elytres épineuses à l'angle postéro-externe ; ornées chacune d'un trait, d'une ligne arquée, d'un point et de deux bandes, d'un duvet blanc : le trait, naissant de la fossette humérale : la ligne, arquée, naissant après l'écusson, prolongée et se courbant en dehors : le point, juxta-marginal, vers le quart de la longueur : la bande antérieure, vers les trois cinquièmes : la postérieure, apicale.

Long. 0^m,090 (4 l.) Larg. 0^m,0032 (1 l.)

Corps allongé; subconvexe. *Tête* noire; assez finement ponctuée; plane sur sa partie antérieure et revêtue sur celle-ci d'un duvet cendré; marquée d'une suture épistomale; rayée sur le front d'une ligne parfois peu apparente, non prolongée jusqu'à la partie postérieure; chargée d'une petite saillie corniculiforme au côté interne de la base de chaque antenne. *Yeux* bruns; très-échancrés. *Antennes* un peu moins longues que le corps (♀), ou un peu plus longues que lui (♂); de onze articles: le premier,

renflé : le deuxième,court, subglobuleux: les suivants, grêles, filiformes : le troisième, un peu plus long que le quatrième; noires
ou d'un brun noir, à la base, graduellement brunes ou rougeâtres
à l'extrémité ; revêtues d'un duvet cendré ou cendré obscur ;
ciliées en dessous de leurs premiers articles. *Prothorax* tronqué
et muni d'un rebord étroit, en devant et à la base ; oblong, renflé
dans son milieu; d'un quart plus long que large ; convexe; ponctué ou très-finement chagriné; noir ou d'un noir brun;garni d'un
duvet cendré obscur; orné, à la base, d'une bordure d'un duvet
blanc très-largement interrompue, ou seulement marqué de blanc
aux angles postérieurs. *Ecusson* revêtu d'un duvet blanc. *Elytres*
d'un tiers plus larges en devant que le prothorax à sa base ; un
peu plus larges que lui dans son diamètre transversal le plus
grand; deux fois et demie aussi longues que celui-là ; subarrondies aux épaules; presque parallèles jusqu'aux quatre cinquièmes
de leur longueur, rétrécies ensuite; obliquement coupées chacune
à l'extrémité, en formant un angle rentrant vers la suture; épineuses à l'angle postéro-externe ; convexes; pointillées, d'un noir
brun; garnies d'un duvet soyeux de même couleur; ornées chacune d'un trait ou ligne courte, d'une ligne arquée, d'un point
et de deux bandes d'un duvet blanc : le trait, naissant de la fossette humérale, parfois réduit à un état ponctiforme, ordinairement prolongé en forme de ligne courte jusqu'au sixième de la
longueur: la ligne arquée, naissant à la suture, après l'écusson,
dont elle est séparée par un espace ordinairement égal au diamètre de celui-ci, commençant généralement par un renflement
ponctiforme, obliquement prolongée, en se courbant en dehors
et en se renflant vers son extrémité, jusqu'aux deux septièmes de
la longueur et les deux septièmes de la largeur : le point, situé
près du bord externe, vers le quart de la longueur, paraissant la
continuation de la ligne arquée qui serait interrompue : la bande
antérieure, un peu obliquement transversale, située vers les trois
cinquièmes de la longueur, graduellement élargie et avancée en

devant, sur la suture, courbée en arrière vers le côté exteine qu'elle atteint à peine ; la bande postérieure, apicale. *Dessous du corps* noir; garni d'un duvet cendré : épimères du médipectus, postépisternum et mésosternum revêtus d'un duvet blanc : trois premiers arceaux du ventre ornés postérieurement d'une bordure d'un duvet de même couleur, large latéralement, presque interrompue dans son milieu. *Pieds* grêles ; allongés ; pubescents : cuisses noires : jambes et tarses bruns ou d'un brun rougeâtre.

Patrie : la Gallicie.

Cette espèce m'a été communiquée par M. le capitaine Gaubil.

Obs. Elle diffère du *Clytus plebejus* par la ligne arquée des élytres isolée de l'écusson. Elle se distingue des *C. massiliensis* et *Pelterii*, par l'existence du trait naissant de la fossette. Elle s'éloigne de ces trois espèces, par son prothorax plus allongé et plus étroit.

FAMILLE DES LAMIENS.

Dorcadion hispanicum.

Corps noir. Tête ornée, au moins à partir du milieu du front, de deux bandes d'un duvet blanc, prolongées sur le prothorax de chaque côté de la ligne médiane : celle-ci, lisse, luisante, rayée longitudinalement. Elytres ornées chacune de deux bandes longitudinales d'un duvet blanc, couvrant la moitié interne de la largeur, à peine séparées entre elles et de la suture : l'externe, postérieurement rétrécie et raccourcie, et d'une bande semblable courte, ne couvrant que le quart postérieur de la longueur.

Long. 0^m,0123 (5 1/2) Larg. 0^m,0036 (1 2/3).

Corps allongé; subfusiforme. *Tête* ponctuée; rayée longitudinalement, sur sa région médiaire, d'une ligne naissant de la partie antérieure de l'épistome, élargie postérieurement après la base des antennes, lisse et luisante sur ses bords; noire; parée de deux bandes d'un duvet blanc, un peu arquées en dehors et ordinairement moins apparentes sur la moitié antérieure du front, plus denses et plus apparentes à partir de la base des antennes. *Yeux* d'un brun noir ; profondément échancrés. *Antennes* épaisses à la base, décroissant très-sensiblement de grosseur jusqu'à l'extrémité ; à peine plus longuement prolongées que les deux tiers ou trois quarts du corps ; de onze articles : le premier, renflé, aussi long que les deux suivants réunis ; le second, court, cupiforme : le troisième, à peine plus long que le quatrième : le dernier, rétréci dans sa seconde moitié et comme formé de deux (σ) ; noires, garnies d'un duvet à peu près de même couleur. *Prothorax* tronqué ou faiblement arqué en devant, et moins insensiblement arqué en sens opposé à la base ; à peine ou très-étroitement rebordé à ses bords antérieur et postérieur ; muni de chaque côté d'un tubercule très-obtus ; noir ; lisse et luisant sur son milieu, ou paré sur celui-ci d'une bande longitudinale, noire, lisse et luisante, couvrant le cinquième médiaire environ de sa largeur et longitudinalement rayée d'une ligne dans son milieu ; orné de chaque côté de cette partie lisse, d'une bande d'un duvet blanc formant chacune la continuation de celle de la tête : chacune de ces bandes blanches presque aussi large que la partie médiaire ; assez finement ponctué sous ces bandes ; rugueusement ponctué latéralement et chargé d'une sorte d'empâtement près de chaque bande, un peu après le milieu. *Écusson* noir ; glabre ; luisant. *Élytres* d'un cinquième plus large en devant que le prothorax à ses angles postérieurs ; à peine plus larges à la base que le segment prothoracique dans son milieu ; deux fois et demie à peine aussi longues que lui ; près de trois fois aussi longues que larges chacune dans son milieu, c'est-à-dire faiblement élargies jusqu'aux deux cinquièmes de leur longueur, et rétrécies ensuite ; obtusément arrondies chacune à l'extrémité ; faiblement convexes sur le dos, assez brusquement rabattues sur les côtés aux épaules, et d'une manière graduellement moins prononcée postérieurement ; d'un noir luisant ; ruguleusement ponctuées dans leur moitié externe ; ornées, sur leur moitié interne, de deux bandes longitudinales d'un duvet blanc : l'interne, de largeur uniforme, presque égale au cinquième de la largeur, joignant à peu près le rebord sutural (qui forme avec son pareil une ligne suturale glabre), prolongée de la base à l'extrémité : l'autre, un peu plus large, liée, à la base, à la précédente, prolongée, en se rétrécissant vers son extrémité, jusqu'aux six septièmes de la longueur ; parées en outre, vers l'extrémité, en dehors de la bande externe, d'un lambeau de bande semblable, presque lié au bord postérieur, avancé, en se rétrécissant, jusqu'aux trois quarts postérieurs de la longueur ; offrant une bordure postéro-externe étroite et peu apparente. *Dessous du corps* et *pieds*, noirs ; assez finement ponctués ; subruguleux ; garnis d'un duvet presque de même couleur. Jambes intermédiaires échancrées sur l'arète supérieure ; garnies d'un duvet fauve sur cette échancrure. Sole des tarses revêtue d'un duvet de même couleur.

Patrie : l'Espagne.

Cette espèce m'a été envoyée par M. Perris, comme étant le *Dorcadium hispanicum* du catalogue Dejean. Je n'ai vu que le ♂.

Phytœcia Wachanrui.

Tête et prothorax en majeure partie d'un rouge orangé : la première, ornée d'une ligne longitudinale médiaire et de cinq points noirs (trois, à la partie postérieure : un, sur le milieu du front : un, sur l'épistome): le second, orné sur le disque de trois points de même couleur, obtriangulairement disposés, et, de chaque côté, de deux autres, liés et presque confondus avec la couleur noire latérale. Elytres d'un noir brun, garnies d'un duvet cendré peu épais. Ecusson blanc. Pieds intermédiaires et postérieurs, noirs, avec un anneau crural voisin du genou et la moitié basilaire des jambes, d'un jaune rouge.

Long. 0^m,0112 (5 l.). Larg. 0^m 0035 (1 1/2 l.).

Tête densement ponctuée ; hérissée d'un duvet grisâtre peu épais ; d'un rouge orangé, avec une partie du labre, le bord antérieur de l'épistome, la majeure partie des tempes, une tache au côté interne de la base des antennes, une ligne longitudinale étroite , prolongée du milieu de l'occiput au bord antérieur du labre, et cinq points, noirs : trois, liés au bord postérieur : un, sur le milieu du front : un, moins apparent sur l'épistome. *Palpes* et *Mandibules* noirs. *Yeux* noirs ; très-échancrés. *Antennes* à peine aussi longues que le corps (♂) ; filiformes ; de onze articles ; noires, avec les deux cinquièmes postérieurs de la partie inférieure du premier article , d'un jaune rouge : troisième et quatrième articles, en partie obscurément rougeâtres ; revêtues d'un duvet court, gris ou cendré grisâtre. *Prothorax* d'un quart moins long que large ; tronqué presque en ligne droite et très-étroitement rebordé en devant et à la base ; sensiblement arqué sur les côtés , mais rétréci près du bord postérieur ; convexe ; densement ponctué ; hérissé de poils cendrés clairsemés ; d'un rouge jaune ou orangé, avec les côtés , les bords antérieur et postérieur et sept points, noirs : trois, liés à la base : l'intermédiaire de ceux-ci obtriangulairement disposé avec deux autres , tuberculeux , situés plus antérieurement de chaque côté de la ligne médiane : les quatre autres, situés, deux de chaque côté : l'un , lié à la base : l'autre, plus extérieur, uni au basilaire précité, et presque confondu avec lui à la partie noire inférieure des côtés : ces deux points formant, avec l'un des tuberculeux, un triangle dont le côté le plus long regarde le milieu. *Ecusson* en demi-cercle ou obtriangulaire ; revêtu d'un duvet blanc. *Elytres* d'un tiers plus larges en devant que le prothorax à ses angles postérieurs ; quatre à cinq fois aussi longues que lui ; à fossette humérale médiocrement marquée ; subsinueusement rétrécies d'avant en arrière ; arrondies à la partie externe de leur extrémité ; coupées obliquement ou en angle rentrant dans la moitié interne de celle-ci ; presque planes ou subsillonnées longitudinalement, en dessus, brusquement inclinées sur les côtés ; d'un noir brun ; garnies d'un duvet cendré , en partie hérissé, en partie presque couché ; peu distinctement pointillées, mais marquées de points très-apparents presque carrés ou en losange, graduellement affaiblis d'avant en arrière.

Dessous du corps d'un noir ardoisé ; hérissé d'un duvet cendré peu épais : moitié antérieure du dernier anneau d'un jaune orangé. *Pieds* en partie d'un noir ardoisé ; hérissés de poils cendrés, principalement sur les jambes : seconde moitié des cuisses de devant et jambes des antérieures, extrémité des cuisses intermédiaires à leur partie supérieure ou un anneau à la partie inférieure, un anneau voisin du genou aux cuisses postérieures et moitié basilaire des jambes intermédiaires et postérieures, d'un jaune rouge.

Patrie : la Turquie.

Je l'ai dédiée à mon ami M. Wachanru, de Marseille, dont la modestie égale le zèle et les talents. Je n'ai vu que le ♂.

Obs. Cette espèce a quelque analogie avec la *Ph. Jourdani ;* elle s'en distingue facilement par le point noir latéral antérieur du prothorax non situé sur la même ligne transversale que les deux tuberculeux, lié au point basilaire extérieur, et avec lui paraissant faire partie de la couleur noire des côtés ; par son écusson blanc ; par ses élytres garnies d'un duvet moins dense, et différemment colorées ; par le dernier arceau ventral seulement offrant du jaune rouge sur sa moitié antérieure ; par la couleur de ses pieds.

Phytæcia Gaubilii.

Corps noir, revêtu en dessus d'un duvet ardoisé. Tête garnie en devant d'un duvet cendré jaunâtre. Prothorax chargé longitudinalement, sur la ligne médiaire, d'une carène obtuse, d'un rouge jaune à sa partie antérieure, revêtue ensuite d'un duvet d'un blanc sale ; orné de chaque côté d'une bande de duvet semblable. Pieds ardoisés : moitié antérieure des cuisses de devant et jambes de la même paire, d'un rouge jaune.

♂. Dernier arceau du ventre creusé d'une fossette.

Long. 0ᵐ,0100 (4 1/2 l.) Larg. 0ᵐ,0032 (1 1/2 l.)

Tête d'un noir ardoisé ; densement ponctuée ; bombée en devant ; couverte depuis le labre jusqu'à la base des antennes d'un duvet cendré jaunâtre graduellement plus cendré d'avant en arrière, ornée d'un duvet grisâtre au bord interne de la seconde moitié des yeux, presque nue sur la partie postérieure de la tête; hérissée de poils obscurs ou grisâtres, peu épais; rayée d'une ligne longitudinale médiaire, prolongée depuis l'occiput jusqu'au milieu du front. *Mandibules* noires, revêtues à leur côté externe d'un duvet cendré jaunâtre. *Yeux* noirs; très-profondément échancrés ou divisés. *Antennes* à peine aussi longuement prolongées que le corps (♂); de onze articles; filiformes; d'un gris brunâtre, avec les côtés du premier article et la base des suivants, cendrés; hérissées en dessous de cils peu nombreux. *Prothorax* d'un quart environ moins long que large; tronqué presque en ligne droite, et assez étroitement rebordé en devant et à la base; assez faiblement arrondi sur les côtés; convexe; pointillé; chargé longitudinalement sur son milieu d'une carène obtuse ne paraissant commencer qu'au cinquième de la longueur; noir, garni d'un duvet ardoisé; d'un rouge jaune à la partie antérieure de la carène, c'est-à-dire du quart à la moitié de la longueur, revêtu ensuite sur celle-ci d'un duvet assez long, d'un blanc sale ou jaunâtre; orné de chaque côté d'une bande longitudinale d'un duvet semblable; hérissé de poils obscurs peu épais. *Ecusson* en demi-cercle; revêtu d'un duvet blanc cendré. *Elytres* d'un tiers plus larges en devant que le prothorax à ses angles postérieurs; d'un quart plus larges que lui dans son diamètre transversal le plus grand; quatre fois environ aussi longues que ce dernier; subsinueusement rétrécies d'avant en arrière; obliquement tronquées chacune à leur extrémité en formant un angle rentrant à la suture; émoussées à l'angle sutural; planes ou subcanaliculées longitudinalement sur leur disque, brusquement inclinées sur les côtés et d'une manière moins prononcée postérieurement; à fossette humérale peu profonde; marquées de points très-apparents, presque carrés ou en losange, graduellement affaiblis d'avant en arrière; noirâtres, mais revêtues d'un duvet gris ardoisé. *Dessous du corps* noir ardoisé; garni d'un duvet cendré jaunâtre. *Pieds* noirâtres, garnis d'un duvet gris ardoisé : seconde moitié des cuisses de devant et jambes des mêmes pieds, d'un rouge jaune.

PATRIE : l'Algérie (cercle de la Calle).

Elle m'a été obligeamment communiquée par M. Gaubil, auteur d'un Catalogue synonymique des Coléoptères d'Europe et d'Algérie. Je la lui ai dédiée.

Phytœcia vulnerata.

Dessus du corps d'un noir brun, revêtu d'un duvet cendré ardoisé. Prothorax paré d'une tache d'un rouge pâle, suborbiculaire, couvrant ordinairement les deux tiers médiaires de sa largeur. Deux derniers tiers des cuisses et trois cinquièmes basilaires des jambes, d'un rouge jaune.

♀ . Dernier arceau ventral rayé d'une ligne longitudinale.

Long. 0ᵐ,0135 (6 l.) Larg. 0ᵐ,0036 (1 2/3 l.)

Tête bombée en devant ; marquée de points contigus et généraralement ombiliqués ; garnie d'un duvet cendré et hérissée de poils longs et clairsemés, sur le front, presque nue sur sa partie postérieure, mais visiblement pubescente près du bord interne postérieur des yeux. *Palpes* noirs. *Yeux* noirs, profondément échancrés. *Antennes* prolongées jusqu'aux quatre cinquièmes de la longueur du corps (♀), probablement aussi longues que lui (♂); subfiliformes ; de onze articles : le premier, renflé : le second, court, subglobuleux : le troisième, presque égal au premier et au quatrième, ou à peine plus long que chacun de ceux-ci ; revêtues d'un duvet cendré ardoisé. *Prothorax* un peu moins long que large ; tronqué et rebordé en devant et à la base ; sensiblement renflé latéralement dans son milieu ; ponctué ; noirâtre, mais revêtu d'un duvet cendré ardoisé ; orné sur son disque d'une tache d'un rouge pâle, peu nettement limitée, couvrant ordinairement du sixième aux quatre cinquièmes de la longueur et les deux tiers médiaires de la largeur. *Écusson* revêtu d'un duvet

cendré. *Élytres* d'un tiers plus larges en devant que le prothorax
quatre fois environ aussi longues que lui ; subsinueusement rétrécies et plus sensiblement dans le dernier quart ; obliquement
tronquées et un peu échancrées chacune à l'extrémité, en formant un angle rentrant à la suture ; planes ou faiblement cana-
liculées longitudinalement sur leur disque, brusquement inclinées
sur les côtés, et d'une manière moins prononcée postérieurement ;
à fossette humérale peu profonde ; marquées de points très-apparents, presque carrés ou en losange, sériément disposés, graduellement affaiblis d'avant en arrière ; noirâtres, mais revêtues
d'un duvet cendré ardoisé. *Dessous du corps* noirâtre et revêtu
d'un duvet cendré ardoisé : cinquième arceau du ventre d'un
rouge pâle ; rayé sur son milieu d'une ligne longitudinale (♀).
Pieds, garnis d'un duvet cendré ; d'un rouge pâle ou jaunâtre :
quart ou tiers basilaire des cuisses, genoux et deux cinquièmes
postérieurs des jambes intermédiaires et postérieures et tous les
tarses, noirs, ou d'un noir cendré par l'effet du duvet. Jambes
intermédiaires obliquement échancrées sur l'arête supérieure.
Crochets des tarses bifides, ou munis chacun d'une forte dent
basilaire plus courte que l'externe.

Cette belle espèce dont je dois la communication à M. le capitaine Gaubil, se trouve dans les environs de Rome ; elle a été
prise aussi près d'Hyères par M. Foudras.

Je n'ai vu que la ♀.

Phytœcia Ledereri.

*Corps noir, mais revêtu d'un duvet gris cendré ou cendré ardoisé.
Prothorax paré d'une raie longitudinalement médiaire flavescente.
Cinquième arceau du ventre d'un rouge jaune. Cuisses, moins la base,
et de plus l'extrémité des postérieures, et jambes de devant, d'un rouge
jaune.*

Tête bombée et marquée en devant de points ombiliqués contigus, plus gros vers le front, plus petits en se rapprochant de

l'épistome; plus finement et plus densement ponctuée postérieurement; rayée d'une ligne longitudinale légère, à peine prolongée
ou non prolongée jusqu'à l'épistome; ornée de chaque côté de
cette ligne, près du côté interne de la seconde moitié des yeux,
d'une bande courte d'un duvet flavescent ou cendré flavescent.
Palpes noirs. *Yeux* noirs; très-profondément échancrés, presque
divisés. *Antennes* noires, mais revêtues d'un duvet gris; parcimonieusement ciliées en dessous; au moins aussi longuement prolongées que le corps (♂); de onze articles: le premier renflé: les
troisième et quatrième presque égaux, les plus longs. *Prothorax*
tronqué en devant et d'une manière très-légèrement bissinueuse
à la base; très-étroitement rebordé à ses parties antérieure et
postérieure; subcylindrique ou légèrement arqué sur les côtés;
à peine aussi long qu'il est large dans son milieu; convexe; marqué de points contigus et ombiliqués sur les côtés, plus petits et
plus serrés sur le dos; noir, mais revêtu d'un duvet gris cendré :
ce duvet relevé sur la ligne médiane en une sorte de faible carène
flave ou d'un flave testacé. *Ecusson* en demi-cercle; revêtu d'un
duvet gris cendré. *Élytres* d'un tiers plus larges en devant que le
prothorax à ses angles postérieurs; près de quatre fois aussi longues que lui; faiblement et subsinueusement rétrécies jusqu'aux
deux tiers ou un peu moins et plus sensiblement de là à l'extrémité; obliquement tronquées, ou en angle rentrant, à celle-ci ;
presque planes en dessus, mais très-légèrement déprimées longitudinalement sur leur majeure partie médiaire, et paraissant
chargées d'une ligne longitudinale élevée et très-obtuse naissant
après la fossette humérale, convexement déclives sur les côtés ;
marquées de points presque carrés, subsériément disposés, plus
gros près de la base, graduellement plus petits vers l'extrémité ;
noires ou d'un noir brun, mais revêtues d'un duvet gris cendré
ou cendré ardoisé. *Dessous du corps* de même couleur que le dessus et revêtu d'un duvet gris cendré: cinquième ou dernier arceau du ventre d'un rouge jaune. *Pieds : cuisses* d'un rouge jaune,

avec la base noire ; genoux des postérieures également noirs : jambes antérieures d'un rouge jaune; les autres et tous les tarses, noirs , revêtus d'un duvet gris cendré : jambes intermédiaires échancrées sur l'arête supérieure. *Ongles* bifides, ou armés d'une forte dent vers le milieu de la longueur.

Patrie : l'Espagne.

Obs. Cette espèce m'a été envoyée par M. Jules Lederer naturaliste de Vienne (Autriche) à qui je l'ai dédiée. Je n'ai vu que le ♂.

Phytæcia tigrina.

Dessus du corps d'un noir gris, garni de mouchetures d'un blanc légèrement ardoisé: partie postérieure de la tête et prothorax ornés d'une bande longitudinale médiaire formée d'un duvet semblable. Dessous du corps revêtu d'un duvet pareil ; ponctué de brun.

♂. Segment anal creusé d'une fossette.

Long· 0ᵐ,0090 (4 l.) Larg. 0ᵐ,0028 (1 1/4 l.)

Tête bombée en devant; ponctuée ; revêtue à sa partie antérieure d'un duvet cendré flavescent; ornée sur le milieu de sa partie postérieure d'une ligne longitudinale, formée d'un duvet blanc légèrement ardoisé ; parée autour des yeux d'une bordure d'un duvet semblable; hérissée de poils obscurs longs et clairsemés. *Yeux* brun noir ; très-profondément échancrés. *Antennes* prolongées jusqu'aux trois-quarts environ de la longueur du corps; de onze articles : le premier, renflé : le deuxième, petit, subglobuleux: les suivants, subfiliformes : le troisième au moins aussi long que le premier et un peu plus que le quatrième; revêtues d'un duvet blanc légèrement ardoisé ; annelées de brun, en dessus, dans la seconde moitié de presque tous les articles et dans la moitié médiaire du dernier. *Prothorax* d'un quart ou d'un cinquième moins long que large ; tronqué en ligne droite ou à peine arquée, en devant; très-subsinueusement tronqué à la base; médiocrement arrondi sur les côtés; grossièrement ponctué; noir ou d'un noir gris, parsemé de mouchetures d'un blanc légèrement ardoisé ; chargé longitudinalement sur son milieu d'une bande étroite ou sublinéaire formée par un duvet serré, de même couleur; hérissé de poils obscurs longs et clairsemés. *Ecusson* revêtu d'un duvet blanc cendré sur sa moitié antérieure, d'un noir gris et presque glabre sur sa moitié postérieure. *Elytres* d'un tiers plus larges en devant que le prothorax à sa base; d'un quart ou d'un cinquième plus larges que ce dernier dans son diamètre transversal le plus grand ; quatre à cinq fois aussi longues que lui; rétrécies presque uniformément jusqu'aux quatre cinquièmes et plus sensiblement à partir de ce point; obliquement tronquées chacune à l'extrémité, en formant à la suture un angle rentrant ; presque planes en dessus ; assez brusquement rabattues sur les côtés vers l'angle huméral et d'une manière graduellement affaiblie postérieurement; aspèrement ponctuées et, par là, paraissant presque granuleuses ; noires ou d'un noir gris ; mouchetées d'un duvet d'un blanc légèrement ardoisé; presque glabres, ou garnies sur les intervalles existants entre ces mouchetures de poils noirs ou obscurs, grossiers et couchés. *Dessous du corps* et *pieds* revêtus d'un duvet blanc légèrement bleuâtre ou ardoisé; ponctués de brun noir. Jambes intermédiaires obliquement échancrées sur l'arête externe. Crochets des tarses ferrugineux; munis chacun d'une dent interne à la base de leurs branches.

Patrie : les environs de Grasse (Var).

Je n'ai vu que le ♂.

Notes recueillies à Londres dans l'examen de la collection de Linné, pour servir à la synonymie de divers Longicornes.

Cerambyx cerdo. L'espèce typique décrite sous ce nom est bien le *C. heros* de Scopoli, comme l'indique l'ouvrage synonymique de Schönherr. Sous la même dénomination se trouvent deux exemplaires du *C. cerdo*, considérés par Linné comme une variété plus petite, ou dubitativement comme le ♂ de l'espèce.

Cerambyx tristis. Le type paraît être un *Morimus funestus*, à côté duquel se trouve un individu du *Morimus tristis* FABR.

Cerambyx cardui, est, ainsi que l'avait signalé Schönherr, l'*Agapanthia suturalis* FABR.

Cerambyx liciatus, est un *Clytus* différent de l'*hafniensis* FABR.

Cerambyx ebulinus, n'est autre chose que le *Cartallum ruficolle*. Olivier l'avait déjà considéré comme une variété de ce dernier, et Illiger avait rappelé cette observation (Magaz. t. 4. p. 116).

Leptura rustica. C'est le *Clytus hafniensis* FABR.

Leptura verbasci. Sous ce nom sont des *Clytus ornatus* qui sont évidemment typiques, mêlés à des individus du *Clytus 4-punctatus* FABR., qui peut-être ont été placés postérieurement.

Notes diverses relatives aux Longicornes.

GENRE **PRINOBIUS**.

Les insectes de cette coupe se rapprochent de ceux du genre *Macrotoma* SERVILLE : ils en diffèrent par les jambes intermédiaires et postérieures inermes ; par les antennes moins longues que le corps, à deuxième article plus court que les trois suivants pris ensemble ; par le premier article des tarses moins long que les deux suivants réunis, etc. Ils ont aussi de l'analogie avec ceux du genre *Ergates* SERVILLE : ils s'en éloignent par la forme de leurs mandibules ; par leurs antennes moins longues que le corps (♂) ; par leur prothorax armé d'épines vers ses angles ; par leurs jambes antérieures subépineuses sur l'arête inférieure, au moins chez le ♂ ; par les jambes antérieures munies d'un seul véritable éperon, par le mésosternum peu ou point échancré postérieurement.

Stenopterus præcustus ; Fabricius.

Obs. La variété que j'ai désignée sous le nom de *ater*, dans mon Histoire Naturelle des Coléoptères de France, p. 114, est exclusivement propre à la ♀. Celle-ci est souvent entièrement noire, excepté les antennes qui sont moins obscures, à partir du cinquième article. Ellle se distingue d'ailleurs facilement du ♂, par la forme de l'extrémité de son ventre. Chez la ♀, le ventre, plus sensiblement rétréci, à partir de l'extrémité du premier arceau, offre le cinquième à peu près aussi long que large à la base, rétréci d'avant en arrière, presque en forme de cône obtus, tronqué ou légèrement échancré à son bord postérieur, et le sixième arceau, rétréci plus fortement, souvent peu apparent ou caché, est sans division. Chez le ♂, le cinquième arceau ventral, de plus de moitié moins long que large, est tronqué à son extrémité, et le sixième, plus ou moins apparent, est divisé en deux lobes.

Phytæcia flavescens.

M. Brullé ayant déjà donné le nom de *flavescens* à une *Saperda*, je désignerai sous celui de *fluvicans* la *Phytœcia* que j'avais appelée *flavescens*.

Leptura ruflpennis.

Obs. Lorsque j'ai décrit cette espèce je ne connaissais que le ♂. La ♀ que je dois à l'obligeance de M. Wachanru, qui l'a prise dans le midi de la France, se distingue de l'autre sexe, par ses antennes plus épaisses, ne dépassant pas les trois quarts de la longueur du corps ; à dernier article plus court et assez brusquement rétréci vers son extrémité. Elle a la partie rouge des pieds d'une teinte plus foncée et moins jaune, et offre les cuisses antérieures noires sur leur tiers basilaire : les cuisses intermédiaires et postérieures noires : les jambes et les tarses postérieurs presque entièrement noirs.

DESCRIPTION

DU

VESPERUS XATARTII ♀,

COLÉOPTÈRE DE LA TRIBU DES LONGICORNES,

PAR

E. MULSANT.

(Présentée à la Société Linnéenne de Lyon , le 14 février 1853.)

Vesperus xatartii? (♀). *Brun ou d'un brun de poix sur la tête,
le prothorax, le dessous du corps et les pieds; pubescent. Antennes d'un
brun cerviné, subdentées, prolongées jusqu'à la moitié ou un peu plus du
corps. Prothorax entaillé à son bord antérieur; élargi jusqu'aux trois
cinquièmes, arrondi ou subparallèle ensuite ; à peine aussi large à la
base que long dans son milieu; offrant sur le disque une plaque lisse et
brillante. Elytres livides; creusées sous l'épaule d'une dépression oblongue et brunâtre ; déhiscentes à partir du tiers ; prolongées jusqu'à la
moitié environ de l'abdomen ; subarrondies à l'extrémité; chargées chacune de quatre nervures à peine saillantes, oblitérées avant l'extrémité ;
l'externe naissant au-dessus de l'épaule.*

Long 0,0225 à 0,0247 (10 à 11 l.). Larg. 0,0056 (2 1/2 l.).

Corps allongé. *Tête* une fois et demie aussi prolongée après
les yeux, que la longueur de ces organes; postérieurement séparée
du corps par un cou, sur la partie postérieure duquel, quand
l'insecte incline la tête, se montre une partie membraneuse, au
milieu de laquelle la partie cornée forme sur la ligne médiaire

8 *bis.*

un angle dirigé en arrière ; d'un brun de poix ; garnie de poils
fins, couchés, peu serrés, cendrés ou d'un cendré grisâtre ; lui
donnant une teinte d'un brun grisâtre ; à peine convexe ou subdéprimée en dessus ; longitudinalement creusée, jusqu'à la partie
antérieure de l'épistome, d'un sillon peu profond et peu nettement tracé ; ponctuée, d'une manière plus sensiblement rugueuse
sur les côtés de ce sillon que près des bords latéraux ; entaillée
à la partie antérieure de l'épistome ; creusée d'une fossette à la
base du labre, qui est plus inférieur que l'épistome : labre arqué
en devant et cilié de roux pâle. *Mandibules* noirâtres ; entières.
Palpes d'un roux brun de poix ; parcimonieusement pubescents.
Yeux d'un noir brun, séparés de la base des mandibules par un
espace égal au tiers de leur longueur. *Antennes* prolongées
jusqu'à la moitié ou un peu plus de la longueur du corps ; insérées à découvert sur une saillie formée par l'épistome, et
presque sur le côté externe de celui-ci ; d'un brun cerviné, graduellement plus clair à l'extrémité ; rétrécies de la base à l'extrémité, subdentées au côté externe ; de onze articles : le troisième,
d'un sixième ou d'un cinquième plus long que le quatrième ; le
cinquième et les suivants graduellement ou à peine plus courts.
Prothorax entaillé en angle ouvert et dirigé en arrière à son bord
antérieur ; élargi en ligne courbe jusqu'aux trois cinquièmes,
arrondi ou presque parallèle ensuite ; coupé à la base en ligne
presque droite ou à peine entaillée en angle très-ouvert et dirigé en devant ; muni à ladite base d'un rebord étroit ; à peine
aussi large ou à peine plus large à son bord postérieur que long
sur son milieu ; convexe ; d'un brun de poix ; garni comme la
tête, de poils d'un cendré grisâtre ; marqué de points un peu
râpeux donnant naissance à des poils ; chargé sur son milieu d'une
sorte d'empâtement lisse et brillant, émettant de chaque côté un
rameau ou une sorte de pli raccourci ; faiblement en carène longitudinale médiaire au-devant de cet empâtement ; creusé d'une
fossette de chaque côté de cette carène, et d'une autre sur la même

ligne, après le pli transverse. *Ecusson* un peu moins long que large, subarrondi ou obtusément tronqué postérieurement ; brun de poix ; pubescent. *Elytres* prolongées environ jusqu'à la moitié de la longueur de l'abdomen ; déhiscentes à partir du tiers ou un peu plus ; obliquement coupées, subarrondies ou en ogive obtuse et à côté interne court, à l'extrémité ; livides ; creusées d'une fossette humérale ; chargées chacune de quatre nervures longitudinales peu ou à peine saillantes : les trois internes, naissant du tiers médiaire de la base, oblitérées avant l'extrémité : la quatrième ou externe naissant un peu au-dessous de l'angle huméral ; creusées, au-dessous de l'angle huméral, d'une dépression prolongée jusqu'au quart de la longueur, brunâtre. *Abdomen* d'un brun noirâtre, en-dessous. *Dessous du corps* et *pieds* d'un brun de poix ; pubescents.

Cet insecte a été trouvé par un jeune soldat, dans les environs du fort de Bellègarde (Pyrénées orientales).

Obs. Cette ♀ se distingue de celle de l'espèce que j'ai décrite sous le nom de *luridus* par sa teinte plus foncée ; par sa tête moins profondément et moins nettement sillonnée ; par son prothorax aussi long qu'il est large à la base, entaillé à son bord antérieur, chargé sur son disque d'un empâtement luisant ; par ses élytres subarrondies à l'extrémité, offrant aux quinze seizièmes de leur longueur plus de la moitié de leur largeur à la base ; par la quatrième nervure naissant au-dessous de l'épaule, au lieu de partir de la partie supérieure de celle-ci. Elle est probablement identique avec celle dont M. Léon Dufour avait eu la bonté de m'envoyer la description.

DESCRIPTION

D'UNE

ESPÈCE NOUVELLE DE CARABIQUE,

PAR

MM. E. MULSANT et Alex. WACHANRU.

Présentée à l'Académie des sciences, belles-lettres et arts de Lyon.

Procrustes asperatus.

Ovale-allongé ; noir. Elytres chargées, à partir des épaules, sur la gouttière latérale, puis graduellement plus en dedans, de granulations progressivement plus prononcées et plus râpeuses à leur partie postérieure ; presque lisses ou ponctuées sur leur partie interne, comprise entre l'angle huméral et les trois septièmes de la suture.

Long. 0,0225 0,0314 (10 à 14 l.). Larg 0,0112 (5 l.).

Corps en ovale allongé ; peu luisant en dessus. *Tête* creusée, près de chaque bord latéral de l'épistome et des joues, d'un sillon irrégulier prolongé en arrière en s'affaiblissant et en s'incourbant : ces sillons plus ou moins distinctement unis sur le milieu du front à l'aide d'une ou de quelques rides en arc dirigé en arrière ; légèrement ridée à sa partie postérieure. *Labre* plus large que l'épistome ; avancé en forme d'arc sur la partie médiaire de son bord antérieur ; longitudinalement sillonné sur son milieu ; noté, de chaque côté de ce sillon, de deux ou trois points enfoncés, donnant chacun naissance à un poil d'un roux fauve, assez long. *Mandibules* sinueusement échancrées dans la seconde moitié de leur bord interne, pour permettre au labre de se loger dans cette échancrure. *Antennes* prolongées environ jusqu'au tiers des élytres; glabres et d'un noir luisant sur leurs quatre premiers articles, pubescentes et d'un noir brun sur les autres. *Prothorax* assez faiblement échancré en arc à ses bords antérieur et postérieur; élargi en ligne courbe jusqu'aux trois septièmes, rétréci ensuite en ligne presque droite; muni en devant d'un rebord écrasé moins étroit dans son milieu ; garni sur les côtés d'un rebord prononcé, sans rebord à la base; un peu plus étroit à celle-ci qu'au bord antérieur; d'un tiers plus large dans son diamètre transversal le plus grand que long dans son milieu : une fois environ plus large que la tête; très-émoussé ou subarrondi aux angles postérieurs; incliné aux angles de devant et, par là, convexe à sa partie antérieure, presque plan postérieurement; longitudinalement rayé d'une ligne médiaire, affaiblie à ses extrémités, crénelée par des rides; marqué de chaque côté, vers les cinq sixièmes de la longueur, d'une impression en forme d'angle ouvert, dont le côté postérieur aboutit d'une manière affaiblie à la ligne médiaire, en remontant un peu vers celle-ci, dont le côté externe est aussi distant du bord latéral que le postérieur l'est de la base; imponctué et marqué de très-légères rides en devant de cette impression, couvert, postérieurement à elle, de rides chargées de petits points tuberculeux un peu râpeux, et d'une manière plus prononcée près des angles postérieurs. *Ecusson* trois fois environ aussi large que long ; en triangle à côtés un peu curvilignes. *Elytres* en ovale allongé; munies d'un rebord sensiblement relevé en gouttière; marquées, près de la suture, à partir de l'écusson jusqu'au tiers ou un peu plus, de points linéaires ou de légères lignes longitudinales interrompues, plus ou moins apparentes, parfois presque indistinctes : graduellement chargées sur les côtés et postérieurement, de petites granulations, puis de tubercules râpeux, un peu en pointe dirigée en arrière, progressivement plus prononcés vers la partie postérieure. *Dessous du corps* et *pieds* d'un noir luisant. *Prosternum* garni de poils d'un brun roux à sa partie postérieure. *Cuisses* garnies sur leur côté externe de trois rangées longitudinales de points donnant chacun naissance à un poil : ces rangées moins ou peu marquées aux cuisses postérieures. *Jambes* garnies de poils spinosules: les intermédiaires et postérieures sillonnées longitudinalement sur l'arête externe et sur les côtés.

PATRIE : la Caramanie.

OBS. Quelquefois les élytres sont presque lisses sur l'espace compris au côté interne de la ligne qu'on tirerait depuis l'angle huméral jusque près de la moitié de la longueur de la suture ; d'autres fois, et plus ordinairement, elles offrent sur cette partie des points liés par des lignes ou rides longitudinales irrégulières, très-fines: ces points se transforment graduellement sur les côtés et postérieurement, en aspérités de plus en plus prononcées.

DESCRIPTION

D'UN

COLÉOPTÈRE NOUVEAU

PAR

E. MULSANT et Al. WACHANRU.

Présentée à l'Académie des sciences , belles-lettres et arts
du Lyon , le 14 mai 1853.

Cryptocephalus gloriosus.

*D'un rouge tirant sur le jaune , en dessus. Prothorax paré d'une bordure
basilaire et de deux points noirs : ceux-ci situés chacun vers les deux tiers de
la longueur, entre la ligne médiane et le bord externe. Elytres à dix stries ,
plus une strie juxta-suturale raccourcie ; ornées chacune de quatre points
noirs : les antérieurs formant avec leurs semblables une rangée arquée en avant :
les postérieurs presque unis, constituant une rangée arquée en arrière.*

Long. 0,0056 (2 1/2 l.). Larg. 0,0030 (1 2/5 l.).

Corps d'un rouge tirant sur le jaune en dessus. *Tête* ponctuée ;
marquée entre les antennes de deux points plus gros, presque
réunis en arc dirigé en arrière. *Labre* d'un flave livide. *Yeux*
d'un brun gris (au moins après la mort) ; échancrés. *Antennes*
aussi longuement prolongées que le tiers des élytres ; d'un rouge
testacé sur les cinq ou six premiers articles, graduellement
obscures ou noirâtres sur les autres. *Prothorax* rebordé sur les
côtés et plus faiblement en devant ; en arc bissinueux et dirigé

en arrière, et sans rebord à la base; moins long que large; très-convexe; lisse luisant; d'un rouge testacé; paré à la base d'une bordure noire étroite; orné de deux points de même couleur, situés chacun vers les deux tiers de la longueur, à égale distance de la ligne médiane et du bord externe. *Ecusson* un peu plus long que large; rétréci d'avant en arrière; tronqué à l'extrémité; d'un rouge testacé; bordé de noir en devant; creusé d'un point dans le milieu de son bord antérieur; parcimonieusement pointillé. *Elytres* rayées chacune de dix rangées de points ou de dix stries très-légères et ponctuées, et d'une onzième prolongée presque depuis la base jusqu'aux deux cinquièmes au moins de la suture : ces rangées un peu irrégulières : les internes unies postérieurement avec les externes en enclosant successivement les autres; d'un rouge testacé; parées chacune de quatre points ou taches ponctiformes noires : le premier débordant les première et deuxième stries vers le cinquième de la longueur : le deuxième couvrant les sixième à huitième stries vers les deux septièmes de la longueur : les troisième et quatrième liés ou presque liés : le troisième, étendu presque depuis la suture jusqu'un peu au-delà de la troisième strie, couvrant des cinq à six huitièmes de la longueur : le quatrième, un peu plus antérieur, étendu depuis la quatrième jusqu'à la neuvième strie. *Intervalles* lisses. *Dessous du corps* noir. *Pieds* d'un rouge testacé : *cuisses intermédiaires* et *postérieures* un peu obscures dans leur seconde moitié.

Patrie : la Caramanie, (collect. Wachanru).

NOTICE

sur

E.-L.-J.-H. BOYER DE FONSCOLOMBE,

Par M. E. MULSANT.

Lue à la Société linnéenne, belles-lettres et arts de Lyon,
dans la séance du 14 mars 1853.

Quinze mois à peine se sont écoulés depuis le jour où j'essayais de payer un juste tribut de regrets à la mémoire de Solier, de Marseille, dont les sciences naturelles déploraient la perte récente, et voici qu'aujourd'hui je suis appelé à esquisser une vie non moins noblement remplie, à jeter quelques fleurs sur la tombe du vétéran des Naturalistes de la Provence, de l'un de ceux qui ont le plus contribué à nous faire connaître les richesses entomologiques de cette belle contrée.

Etienne-Laurent-Joseph-Hippolyte Boyer de Fonscolombe, dont il est ici question, naquit à Aix (Bouches du Rhône), le 22 juillet 1772. Son père, (¹) conseiller au parlement, n'était pas seulement

---

(¹) Emmannuel-Honoré-Hippolyte de Fonscolombe, né à Aix le 24 décembre 1744, avait épousé Mademoiselle Le Blanc de Ventabren, fille d'un conseiller au Parlement. Outre la charge dont il était revêtu dans cette dernière magistrature, il fut membre du conseil de la commune, membre du bureau de bienfaisance, qui lui dut, en partie, son établissement ; membre de la commission des Hospices. Vice-président de cette commission, en 1810, dans un moment où les militaires prisonniers et malades

9

un magistrat renommé par sa haute prohibé et par ses lumières, il s'occupait de minéralogie avec distinction, et, par suite de ses goûts, s'était trouvé en relation avec l'abbé Haüy, Saussure, Gillet de Laumont, et divers autres naturalistes de premier mérite. Il s'adonnait également à l'agriculture, et les mémoires pubilés par la savante compagnie de sa ville natale, témoignent de ses vues élevées et de ses connaissances en semblable matière, ainsi que de son amour pour la prospérité de son pays (1).

Le jeune Hippolyte pour qui son père était un guide et un ami, ne tarda pas à puiser, au sein de sa famille, le goût des occupations utiles, et peut-être aussi celui des sciences naturelles, qui firent la distraction et le plaisir de la plus grande partie de sa vie.

Dès qu'il fût en âge de commencer le latin, il fut envoyé à Juilly, collége où son père avait été élevé, et d'où sont sortis

---

encombraient la ville et les hôpitaux, et faisaient craindre une contagion, il se donna une peine si active pour faire soigner ces malheureux, qu'il y puisa le germe de la maladie qui l'enleva à l'estime de ses concitoyens. (Voyez la notice publiée sur cet homme de bien, par M. le docteur Gibelin. — *Mémoires de la Société des Amis des sciences*, etc., *Aix* 1819, p. 361-370).

(1) On lui doit l'introduction des mérinos dans la basse Provence; il avait fait des essais pour naturaliser les arbres exotiques; il s'était occupé de recherches sur les végétaux les plus propres à fournir du fourrage et à établir des prairies artificielles; il a publié divers mémoires sur les engrais, sur les bois en général, et surtout sur les moyens de reboiser nos provinces méridionales [1], reboisement dont la nécessité se fait vivement sentir quand on parcourt diverses parties si désolées de la vallée de la Durance. Emprisonné pendant la révolution, ses mémoires sur l'agriculture lui valurent son élargissement et la conservation de ses propriétés.

[1] Mémoire sur la destruction et le rétablissement des bois dans les départements qui composaient l'ancienne Provence, (*Mémoires* de la Société des amis des sciences, des lettres, de l'agriculture et des arts. *Aix* 1819, p. 1-87).

tant d'hommes remarquables ; il ne tarda pas à s'y faire, par la
douceur de son caractère, de nombreux amis, dont plusieurs,
Brochant de Villiers (¹), entre autres, s'honorèrent de lui rester
toujours unis par les liens d'une vive affection. Ses progrès,
dans cet établissement, furent soutenus et brillants ; il y acquit
des connaissances solides ; et quoique à cette époque l'étude du
grec fût moins obligatoire que de nos jours, il s'y était livré avec
une attache passionnée. Ce goût pour la langue et la littérature
des Hellènes a persisté pendant sa longue carrière ; et, même dans
les dernières années de son existence, il se plaisait encore, dans
la belle saison, à consacrer des moments plus ou moins longs
à la lecture et à l'explication raisonnée des poèmes d'Homère,
dont personne, mieux que lui, ne savait sentir et apprécier les
beautés.

Il quitta Juilly en 1789, peu de jours après la prise de la
Bastille. Rentré au sein de ses foyers, à un âge où l'adolescence
fait place à la jeunesse, il était destiné à suivre la carrière de
son père ; mais les événements dont la France ne tarda pas à
être le théâtre, firent avorter ces projets. La plupart des personnes attachées à ses parents par des liens de famille ou d'amitié,
soit entraînées par les illusions de l'époque, soit poussées
par la crainte de malheurs faciles à prévoir, avaient profité
de la proximité de la frontière pour se réfugier à Nice. Il suivit
le sort des auteurs de ses jours ; il n'émigra pas. Mais bientôt,
il se vit, comme ceux-ci, menacé dans son existence ; on le jeta
en prison avec son père ; les services rendus à l'agriculture
par ce dernier les sauvèrent tous les deux. Devenu libre, le
jeune Fonscolombe éprouva bientôt tous les ennuis de l'isole-

---

(¹) Inspecteur général des mines de première classe, membre du conseil
général des mines et de l'Académie des sciences, officier de la légion d'honneur, mort le 17 mai 1840.

ment, au sein d'une ville désertée par presque toutes ses connaissances Il dut dès lors songer à chercher dans l'obscurité d'une vie intérieure, et dans des occupations sérieuses ou attachantes, l'occasion d'oublier quelques moments le spectacle affligeant qu'il avait sous les yeux. Il s'était amusé, au collége de Juilly, à poursuivre des papillons et à collecter divers autres insectes, pendant les promenades souvent assez longues accordées aux élèves. L'étude de la Nature devint son délassement favori, ou plutôt son occupation principale. Il avait fait la connaissance de l'abbé Ramatuelle son parent éloigné, et il avait trouvé en lui un homme prêt à mettre à sa disposition ses lumières et son expérience, en lui offrant tout le dévouement de l'amitié. Ce digne prêtre était un botaniste distingué, en relation avec de Jussieu, de Lamarck, Bosc, Thouin et une foule d'autres savants de l'époque. Fonscolombe mit à profit les leçons de ce maître habile, et joignit, à l'étude de l'entomologie, celle de la botanique, dont la connaissance est toujours nécessaire à ceux qui cultivent la première. Ils explorèrent ensemble, autant que les circonstances le leur permirent, les richesses naturelles de leurs environs, pendant quatre ou cinq ans, c'est-à-dire jusqu'au départ de l'abbé pour la capitale, d'où il ne devait pas revenir (¹). L'herbier de M. de Ramatuelle resta entre les mains

---

(¹) L'abbé Thomas-Joseph-Albin de Ramatuelle, né à Aix le 16 mai 1750, était allé à Paris chercher un asile, et y mettre la dernière main à un ouvrage sur les arbres fruitiers, destiné à en faire connaître les espèces et les variétés, d'après l'écorce et d'autres caractères indépendants de ceux de la fleur. Découvert dans sa retraite, par suite des fonctions de son ministère qu'il continuait à y exercer en secret, il fut jeté à la Force, d'où il devait bientôt marcher à l'échafaud. Prévenu du sort qui l'attendait, il chercha à s'évader en descendant du toit, fit une chute, fut transporté dans un état déplorable dans un hôpital où étaient placés les malades des maisons de détention, et y mourut, peu de jours après, le 8 messidor an II, cinq semaines avant la condamnation de Robespierre.

de Fonscolombe à qui il avait été légué (¹). Il s'est augmenté
depuis cette époque de toutes les espèces récoltées par lui
pendant plus de trente ans, et de toutes celles qui lui ont été
adressées par des amis. Outre sa richesse, cet herbier offre un
intérêt particulier, dans les notes nombreuses dont il est enrichi,
et dans l'indication des diverses localités dans lesquelles se
rencontre chaque espèce de plante.

Les goûts botaniques de Fonscolombe le mirent, dans le cours
de sa vie, en correspondance avec Risso (²), Dumarché (³).
Requien (⁴), M. Castagne (⁵) et divers autres (⁶). L'Entomologie
lui créa des relations beaucoup plus étendues et non moins
honorables. Il suffira de citer parmi ceux qui ne sont plus,
Bonelli (⁷), Latreille (⁸), Audouin, (⁹), Duponchel (¹⁰), Brébisson

---

(¹) Il paya à ce savant ami un juste tribut d'éloges, (voyez la note de
ses ouvrages).

(²) Risso (Antoine), naturaliste, né le 8 avril 1777, à Nice, où il est
mort le 25 août 1845.

(³) Dumarché, botaniste à Bourg.

(⁴) Requien, botaniste né à Avignon, mort à Ajacio en 1851.

(⁵) M. Castagne, botaniste à Montaud-lès-Miramas, (Bouches-du-
Rhône).

(⁶) Fonscolombe s'était aussi occupé passagèrement de minéralogie et
avait rassemblé quelques beaux échantillons dans les départements du Var
et des Bouches-du-Rhône.

(⁷) Bonelli (François-André), conservateur du Muséum d'histoire naturelle à Turin, né en 1784, à Cuneo en Piémont, mort à Turin, le 18 novembre 1830.

(⁸) Latreille (Pierre-André), professeur, administrateur du Muséum de
Paris, né à Brives (Corrèze), le 29 novembre 1762, mort à Paris le 6 février 1833.

(⁹) Audouin (Jean-Victor), successeur de Latreille à la chaire d'histoire
naturelle, né le 27 avril 1797, à Paris, où il est mort le 9 novembre 1841.

(¹⁰) Duponchel (Philippe-Auguste), ancien chef de division au ministère
de la guerre, né à Valenciennes (nord), en 1774, mort à Paris le 11 janvier 1846.

père (¹), Merck (²), Solier (³) et son ami Boyer (⁴). C'est aussi à l'entomologie qu'il doit l'auréole scientifique qui entoure son nom, auréole qui serait aujourd'hui plus brillante encore, s'il eût été moins indifférent à toute gloire terrestre. Mais attaché avant tout à ses devoirs de famille, de société et de religion, il se borna, surtout pendant les vingt ou trente années qui suivirent son mariage, célébré en 1798, à faire de l'étude de l'histoire naturelle un délassement à des occupations plus sérieuses. Dans le règlement de vie qu'il s'était tracé, il comptait les heures qu'il lui donnait. Toutefois, passant à la campagne une partie de l'année, il a trouvé le moyen de lui consacrer d'assez longs moments, sans modifier son plan de conduite. Il utilisait ses moindres promenades, et souvent, dans ses allées et venues, l'occasion lui était offerte de saisir un insecte, de faire une observation curieuse, ou d'éclaircir, relativement aux mœurs et aux habitudes de ces petits animaux, quelque point douteux, en prenant la nature sur le fait. Son exemple semblait porter aux mêmes recherches toutes les personnes de sa connaissance ou de son voisinage, même celles que leur éducation et leur fortune semblaient rendre peu propres à s'y livrer ; on l'aurait dit, du moins, à voir le soin avec lequel chacun aimait à lui offrir ou à lui envoyer les insectes qu'on supposait devoir

---

(¹) Brebisson père, de Falaise.

(²) Merk (Paul), né à Lyon le 11 novembre 1793, mort à Vaugneray (Rhône), le 1ᵉʳ juin 1849.

(³) Solier (Antoine-Joseph-Jean), né le 8 février 1792 à Marseille, où il est mort le 27 novembre 1851.

(⁴) Boyer, pharmacien, mort à Aix il y a peu de temps.

Parmi les personnes vivantes, je me bornerai à nommer MM. Léon Dufour, Foudras, Foerster, Macquart et Selys de Longchamps.

l'intéresser (¹) ; mais cet empressement à grossir ses petits
trésors scientifiques, et à lui procurer des jouissances auxquelles
il attachait tant de prix, s'expliquait sans peine par le bonheur
qu'il mettait lui-même à être utile ou agréable à tout le
monde.

En 1820, sa famille s'accrut d'un enfant, par le mariage de
sa fille unique avec M. le comte de Saporta, et bientôt, au lieu
d'un, on compta deux entomologistes dans sa maison. Entraîné
par son exemple, séduit par l'attrait d'une science dont il savait
si bien exposer tous les charmes, son gendre ne tarda pas à se
livrer à l'étude des Lépidoptères, et les découvertes qui signa-
lèrent ses premiers pas dans la science, laissent facilement
pressentir quels auraient été plus tard ses succès, s'il n'avait
abandonné Faune pour Flore, et l'éducation des chenilles pour
la culture des roses.

L'attention de Fonscolombe s'était portée dans sa jeunesse sur
les Arachnides principalement, mais la difficulté de conserver
ces animaux, l'avait détourné du soin de les collecter, et il s'était
borné aux Articulés hexapodes. Il a rassemblé, dans le cours de
son existence, la majeure partie de ceux de nos provinces
méridionales, du moins des départements de la rive gauche du
Rhône ; et si son nom ne se voit pas plus souvent attaché aux
espèces de Coléoptères découvertes dans ces contrées, depuis le
commencement de ce siècle surtout, il faut l'attribuer à son peu
de désir de la renommée, et à quelques autres causes. Les descriptions, faites sur le modèle de celles de Linné et de Fabricius,
étaient souvent assez incomplètes dans leur brièveté, ou assez

---

(¹) Il dut, entre autres, à un de ses parents, propriétaire du château de la
Molle, dans les environs de Saint-Tropez, les deux sexes du *Prinobius
Germari* (*Prionus scutellaris*, GERMAR), qui jusqu'alors n'avaient pas été
trouvés dans la France continentale. C'est de lui que je tiens l'exemplaire
que je possède.

énigmatiques, pour rendre les déterminations très-difficiles. Fonscolombe dont la modestie était extrème, et dont la défiance en ses lumières allait jusqu'à l'excès, était le plus souvent tenté de rapporter à un insecte déjà connu celui dont il cherchait la dénomination , plutôt que de croire avoir fait une conquête pour la science. D'autre part, sa Bibliothèque d'histoire naturelle manquait d'un assez grand nombre de livres , surtout de ceux publiés à l'étranger , pour lui faire craindre de donner pour nouveaux des insectes déjà décrits dans d'autres ouvrages.

Dans les autres ordres, généralement plus négligés, il lui fut plus facile de voir de combien de richesses ignorées il était entouré, et pourtant ce n'est guère que vers sa vieillesse, qu'il se détermina à livrer à la publicité le résultat de ses recherches.

En 1808, il avait été l'un de ceux qui se réunirent le 11 février, pour fonder la société savante connue aujourd'hui sous le nom d'Académie des sciences, agriculture, arts et belles-lettres d'Aix. Depuis cette époque, jusqu'à sa mort, les comptes-rendus de cette compagnie, dont il fut le président de 1840 à 1842, témoignent du rôle actif qu'il y remplit (¹). Sans parler ici de ses travaux imprimés dans les Annales des sciences naturelles et de la Société entomologique de France, et dont les prémices étaient réservées à ses collègues de sa ville natale,

----

(¹) Voyez les Comptes-Rendus des travaux de la Société des amis des sciences, etc. (qui plus tard a pris le titre d'Académie des sciences, etc., d'Aix), Comptes-Rendus annexés à ceux des Séances publiques, principalement ceux des 4 mai 1811, p. 18. — 2 mai 1812, p. 19. — 22 mai 1819, p. 23.—19 juin 1830, p. 38.—12 juillet 1834, p. 31.— 4 juin 1835-1836, p. 46. — 6 juillet 1838-39, p. 36. — 10 juillet 1839-40, p. 24. — 8 juin 1844, p. 76. — 21 juin 1845, p. 41.—21 juin 1846, p. 45. — 2 juillet 1849, p. 62. — 22 mai 1852, p. 41.

combien de fois ne captiva-t-il pas leur attention par ses communications pleines d'intérêt ! Quelques-unes, longtemps inédites (¹), trouvèrent plus tard une place dans d'autres travaux sortis de sa plume ; mais plusieurs paraissent n'avoir pas été publiées ; telles sont une notice sur les mœurs des araignées, et une autre sur les insectes fossiles trouvés dans les plâtrières d'Aix , insectes dont il montra aux membres de sa compagnie savante divers échantillons (²), et enfin une notice historique sur M. Mollet (³), composée en commun avec M. de Castellet (⁴).

L'Académie du Gard mit au concours, pour 1836, la question suivante : *Décrire les mœurs et les habitudes des insectes nuisibles à l'agriculture, particulièrement dans le midi de la France ; rechercher et indiquer les moyens les plus propres à diminuer ou à faire cesser leurs ravages* (⁵). Fonscolombe répondit à l'appel de ce corps savant, et obtint la couronne. c'est-à-dire la médaille d'or de trois cents francs, promise au vainqueur (⁶). La société académique de sa ville natale s'em-

---

(¹) Son mémoire sur les insectes qui dévorent le fruit de l'olivier, lu en 1819.

(²) Ces insectes avaient été trouvés et recueillis principalement par M. le comte de Saporta. Plusieurs échantillons ont été adressés, par ce dernier, au Muséum d'histoire naturelle de Paris ; un autre a été le sujet d'un rapport fait à la Société entomologique de France, par M. Boisduval, (Voy. Annales de la Soc. entomol. t. 9, 1840, p. 371-374, pl. 8).

(³) Mollet (Joseph), successivement professeur de physique au collége de l'Oratoire de Lyon, à l'Ecole centrale, professeur de mathématiques au Lycée, docteur et doyen de la Faculté des sciences, et membre de l'Académie des sciences, belles-lettres et arts de la même ville, né le 5 novembre 1756 à Aix, où il est mort le 30 janvier 1829.

(⁴) Voy. séance publique du 19 juin 1830, p. 38.

(⁵) Mémoires de l'Académie du Gard 1835-1836-1837. page 11.

(⁶) Mêmes Mémoires p. 15.

pressa de publier, dans ses Mémoires (¹), ce travail fruit d'observations nombreuses et d'une longue expérience.

L'Académie d'Oneille (Etats Sardes) avait proposé une
question dont la solution est du plus haut intérêt pour les
contrées méridionales ; il s'agissait d'obtenir le moyen d'atté-
nuer ou de rendre peu sensibles les ravages du ver des olives.
Ce sujet était familier à Fonscolombe ; il l'avait déjà traité en
1819 (²) ; il avait fait connaître à la Société entomologique les
différents insectes ennemis de l'olivier (³), et il s'était occupé
de cette question d'économie agricole dans son travail sur les
insectes nuisibles (⁴) ; il adressa donc à cette compagnie un
travail spécial assez étendu. Cette Académie n'a pas fait connaître
le résultat du concours, et le mémoire en question, dont la famille
de l'auteur ne possède pas de copie, restera probablement inédit.

Divers écrivains avaient déjà cherché, dans leurs ouvrages,
à allier l'entomologie et la botanique, à les faire marcher ensemble comme des sœurs destinées à se prêter des grâces et des
secours mutuels ; ainsi, Will. Withering avait indiqué, dans sa
Flore d'Angleterre, les principaux insectes qui se nourrissent des
végétaux ou qui viennent leur demander un abri (⁵) ; Curtis, de
son côté, avait illustré, de la représentation d'une plante, chacune
de ses belles planches d'insectes (⁶) ; Brez, dans sa Flore des insec-

---

(¹) Mémoires de l'Académie des sciences d'Aix, t. 4,

(²) Voy. séance publique de l'Acad. d'Aix, du 22 mai 1819.

(³) Annales de la Société entomologique de France t. 6 et t. 9.

(⁴) Mémoires de l'Académie des sciences, etc., d'Aix, t. 4.

(⁵) A botanical arrangement of british plantes, including the use of
each species in medicine, diet, rural economy and the arts, with an easy
introduction to the study of botany, etc., illustred by copper plates.
Birmingham, 2ᵉ edit. 1777, 2 vol. 8.

(⁶) British Entomology, being Illustrations and descriptions of the
genera of Insectes found in great Britain and Ireland. *London* 1823-1840,
16 vol. 8 fig.

tophiles (¹), avait cherché à indiquer aux entomologistes les
végétaux aux dépens desquels vivent les différents êtres objets
de leurs recherches, afin de leur en faciliter la rencontre.
Fonscolombe, par une pensée plus ingénieuse, imagina le *Calendrier de Faune et de Flore*, destiné à servir de guide aux collec-
teurs de la Provence, en leur signalant les animaux articulés et
les végétaux qu'ils peuvent espérer de trouver, tous les jours de
l'année, dans leurs promenades ou leurs explorations ; et dans
ce catalogue, en harmonie avec l'ordre des saisons, dont le but
principal était de venir en aide aux jeunes amis de la Nature,
il a trouvé le secret d'être utile à tous, en y consignant ses
remarques ou observations particulières.

Le désir de répandre le goût d'une science à laquelle il avait
dû et devait encore de si douces jouissances, et surtout l'espérance d'être utile aux jeunes gens, en leur offrant le sujet d'un
délassement fait pour les captiver , et pour leur permettre
d'échapper par là quelquefois à des entraînements dangereux, lui
fit composer une *Entomologie élémentaire*. Dans cet ouvrage
qu'il serait à désirer de voir se répandre, il a su mettre à la
portée de tout le monde les enseignements de la science, et
résumer, dans un style agréable et dans des entretiens pleins d'intérêt, ce que l'histoire des insectes peut offrir de plus curieux.

Mais de toutes les publications de Fonscolombe celles qui ont
le plus contribué à répandre son nom dans l'Europe savante,
sont celles dans lesquelles il a fait connaître les espèces inédites
d'insectes de la France méridionale. Ces travaux ont principale-

---

(¹) La Flore des insectophiles, précédée d'un discours sur l'utilité de
l'étude de l'insectologie. UTRECHT, 1791 in-8.

M. Marquart a publié récemment un ouvrage dans le même but, intitulé :
Les arbres et les arbrisseaux d'Europe et leurs insectes. Lille, imp. L. Dauel,
1852, in-8.

ment pour objet les *Chermès* et les *Pucerons*, parmi les Hémi-
ptères ; les *Libellulines*, parmi les Nevroptères ; les *Chalcidités*,
les *Diplolépaires* et les *Ichneumonides*, parmi les Hyménoptères.
Cette dernière monographie était depuis quelque temps en voie
de publication, et tout semblait faire présager que malgré son
âge avancé, l'auteur pourrait la conduire jusqu'à la fin, lorsqu'une fluxion de poitrine compliquée d'un catarrhe, l'a enlevé
à la science, le 13 février 1853, après trois semaines de m aladie.

Les œuvres de Fonscolombe sont jugées depuis longtemps.
Elles ont été accueillies avec l'intérêt qui s'attache à toutes les
recherches consciencieuses, et cet intérêt se change en admiration, lorsqu'on songe de combien d'années était chargée la main qui
les traçait. Peut-être a-t-on eu quelquefois à regretter de voir des
espèces déjà connues reproduites sous des noms nouveaux ; mais
ces taches légères sont facilement oubliées, quand on songe aux
difficultés nombreuses contre lesquelles il avait à lutter. Outre
l'indigence dans laquelle se trouvent, sous le rapport entomologique, les Bibliothèques de la plupart de nos villes de province,
l'auteur n'avait à sa disposition ni les conseils, ni les collections
d'entomologistes rapprochés, toujours si utiles à ceux qui écrivent
sur la science.

Mais on n'aurait de Fonscolombe qu'une idée bien incomplète,
si l'on ne connaissait en lui que le naturaliste. C'était une de
ces angéliques natures dont il serait difficile de trouver de plus
beaux types ; c'était le chrétien dans toute la perfection de la
charité évangélique, dans la pratique des plus aimables vertus.
Sa belle âme, du reste, se reflétait sur ses traits d'une ineffable
douceur ; sévère pour lui seul , indulgent pour tous , il savait
compatir à toutes les faiblesses et à toutes les misères , et se
multiplier pour participer à toutes les bonnes œuvres ou pour en
être l'âme.

Il était animé d'une piété sans ostentation, mais incapable de
se déguiser ou de fléchir devant le respect humain. Il a composé

dans ses dernières années, un petit recueil de prières, tirées de l'Ecriture Sainte, qui montre combien lui était familière la lecture de nos livres sacrés, dont il mettait sans cesse en pratique les admirables maximes.

D'une taille médiocre, d'un tempérament sec, d'une constitution peu forte, il a su, par une conduite toujours régulière, échapper aux infirmités, compagnes ordinaires de la vieillesse. Le temps, dont il semblait braver le pouvoir, n'avait rien enlevé, ni à la fraîcheur de sa mémoire, ni à la vivacité de son esprit, ni même à l'amabilité de son caractère enjoué et toujours égal, qui répandait tant de charmes sur l'existence de ceux qui avaient le bonheur de vivre auprès de lui ; il semblait avoir inspiré ce vers de l'un de nos poètes :

> Et qui plaît à cent ans, meurt sans avoir vieilli.
>
> DEMOUSTIER.

Quand la maladie est venue l'avertir que bientôt il lui faudrait se séparer de tous ceux qu'il aimait sur la terre, il a vu approcher ce moment suprême, avec la résignation ou plutôt avec l'espérance confiante du fidèle, qui entrevoit déjà les récompenses immortelles réservées à une vie passée tout entière à faire le bien.

Sa mort n'a pas été seulement un sujet de deuil profond pour une famille au bonheur de laquelle tendaient toutes ses pensées ; elle n'a pas seulement causé une indicible affliction à tous ses nombreux amis; les pauvres dont les regrets sont souvent l'expression la plus vraie de la valeur des hommes dans leur vie privée, les pauvres dont il avait si souvent séché les pleurs et adouci l'infortune, en accompagnant la dépouille mortelle de cet homme vénéré, témoignaient par leurs larmes de toute l'étendue de la perte que venait de faire la cité.

On a de lui les travaux imprimés suivants :

OEuvres entomologiques.

1. Description des insectes de la famille des Diplolépaires qui se trouve aux environs d'Aix (genres *Ibalia, Figites, Diplolepis*).

> (Annales des sciences naturelles, première série, t. 26 1832, p. 184-198).

2. Monographia Chalciditum gallo-proviuciae circa Aquas Sextias degentium (genres *Leucospis. — Chalcis. — Eurytoma. — Cynips.— Eulophus. — Cleonymus. — Spalangia. — Perilampus. — Pteramalus.—Encyrtus. — Scelio. — Teleas*).

> (Annales des sciences naturelles, première série, t. 26, 1832, p. 273-306).

3. Description des Kermès qu'on trouve aux environs d'Aix.

> (Annales de la société entomologique de France (séance du 2 octobre 1832), t. 3, 1834, p. 201-218. Pl 3. A.).,

4. Notice sur les genres d'Hyménoptères *Lithurgus* et *Phylloxera*.

> (Annales de la société entomologique de France (séance du 2 octobre 1833), t. 3, 1834, p. 219-224).

5. Description de la *Psyche febretta*, nouvelle espèce de Bombycite.

> (Annales de la société entomologique de France (séance du 7 mai 1834) t. 4, 1835, p. 107-110, pl. 1. fig. 8 à 10).

6. Description du *Ceramius Fonscolombii*, LATREILLE.

> (Annales de la soc. entom. de France (séance du 7 janvier 1835), t. 4, 1835, p. 421-427, pl. 10, fig. a à h.).

7. Monographie des Libellulines des environs d'Aix.

> (Annales de la soc. entom. de Fr. (séance du 1er février 1837) t. 6, 1837, p. 129-150, pl. 5 et 6. — Suite. —(Séances des 17 janvier 1838 et 21 novembre 1838) t. 7, 1838, pages 75-106, pl. 4, 5 et 6. —et pages 547-575, pl. 13, 14, 15).

8. Notice sur deux teignes qui attaquent l'olivier, (*Tinea olcella*, BOY. DE FONSCOL. et *Tinea olivella*, BOY. DE FONSCOL.).

> (Annales de la soc. entom. de Fr. (séance du 3 juin 1835) t. 6, p. 179-187, pl. 8, fig. 4 (*T. olivella*) et 5 (*T. olcella*).

9. Observations sur l'*Antophora parietina*.

> (Annales de la soc. entom de Fr. t. 7, 1838 p. 41).

10. Description d'une nouvelle espèce de teigne, (*Tinea aglaella*).

> (Annales de la soc. entom. de Fr. (séance du 2 octobre 1839) t. 9, 1840, p 61.
> pl. 4. fig c.)

11. Description de la chenille de la *Tortrix compressana*, Duponchel.

> (Annales de la soc. entomolog. de France (séance du 2 octobre 1839) t 9,
> 1840 p6 2).

12. Second mémoire sur les insectes qui attaquent l'olivier,

> (Annales de la soc. entom. de Fr. (séance du 8 janvier 1840) t. 9,p. 101—116).

13. Addenda et Errata ad Monographiam Chalciditum gallo-provinciae circa Aquas Sextias degentium.

> (Annales des sciences naturelles, deuxième série, t. 13, 1840, p. 186-192).

14. Des insectes nuisibles à l'agriculture, principalement dans les départements du midi de la France. (Mémoire couronné par l'Académie de Nimes).

> (Mémoire de l'Acad. des sciences, agriculture, arts et belles-lettres d'Aix, t. 4,
> (1840) p. 5-225 et enrichi d'une planche).

15. Description des pucerons qui se trouvent aux environs d'Aix.

> (Annales de la soc. entom. de Fr. (séance du 17 mars 1841) t. 10, 1841,
> page 157-198).

16. Note contenant quelques détails de mœurs relativement à deux espèces de Bombycites (les *Dicranula vinula* et *Lasiocampa lineosa*).

> (Annales de la soc. entom. de Fr. 2e série, t. 2, 1844, page lx. — lxi).

17. Note relative à l'*Anthophora balneorum*, nommée à tort *parietina*, dans les Annales de la soc. entom. de Fr. t. 7, p. li et lxvii.

> (Annales de la soc. entom. de Fr. 2e série, t. 3, 1845, page xv).

18. Calendrier de Faune et de Flore, pour les environs d'Aix, ou première apparition des principaux insectes et première floraison des végétaux qui s'y trouvent.

> (Mémoires de l'Acad. des sciences, agricul. arts et belles-lettres d'Aix, t. 5, 1845,
> page 371-680).
> Il y a eu des tirés-à-part de ce mémoire.

19. Note sur huit espèces nouvelles d'Hyménoptères et de Nevroptères, trouvées aux environs d'Aix.

> (Annales de la soc. entom. de France (séance du 12 mars 1845) 2ᵉ série, t. 4,
> 1846, p. 39-51).
> Note destinée à réparer un oubli dans l'impression du mémoire précité. (Ann.
> loc. cit. t. 4, p. LXIX).

20. Ichneumologie provençale, ou catalogue des Ichneumonides qui se
trouvent aux euvirons d'Aix, et description des espèces inédites.

> (Annales de la Société entomologique de France, (séance du 11 novembre 1847)
> deuxième série, t. 5, 1847, p. 51-70 et p. 397-420. (Genre *Ichneumon*). —
> (Séance du 28 octobre 1846), deuxième série, t. 7, 1849, p. 211-239,
> (genres *Mesoleptus* , *Tryphon*, *Exochus*, *Scolobates*, *Trogus*, *Alomya*). —
> (Séance du 8 mars 1848), deuxième série, t. 8, 1850, p. 361-390, (genres
> *Hoplismenus*, *Cryptus*). — (Séance du 13 décembre 1848), deuxième série,
> t. 9, 1851, p. 103-119. (Geures *Phygadeuon*). — (Séance du 13 décembre 1848)
> deuxième série, t. 10, 1852, p. 29-50. (Genres *Mesostenus*, *Hemiteles*). —
> (Séance du 14 février 1849), deuxième série, t. 10, 1851, p. 427-441. —
> (Geures *Pezomachus*, *Phytodietus* ? — *Mesochorus*).

21. Entomologie élémentaire, ou entretiens sur les insectes, mis à la portée
de tout le monde , ouvrage utile aux établissements d'instruction publique. *Paris*, *Roret*, 1852, in-18.

OEuvres diverses.

22. Notice historique sur l'abbé Ramatuelle.

> (Recueil de Mémoires et autres pièces de prose et de vers, qui ont été lues dans
> les séances de la Société des amis des sciences, etc., d'Aix. *Aix* 1819 ,
> p. 118-123).

23. Discours d'ouverture de la séance publique de l'Académie des sciences, etc., d'Aix, du samedi 3 décembre 1842.

> (Séance publique annuelle de l'Acad. des sciences, agricult., arts et belles-lettres
> d'Aix (1841-1842), *Aix*, 1843 pag. 5-18).

24. Heures chrétiennes, tirées de l'Ecriture Sainte, en latin et en français.
Lyon, *J. B. Pélagaud et Cᵉ*, 1850, in-16.

NOTICE

sur

MARIE WACHANRU.

Par M. E. MULSANT.

Lue à la Société Linnéenne de Lyon.

L'Entomologie vient de faire une perte douloureuse, dans une jeune femme que le monde ignorait, et dont le nom n'était pas même connu dans sa ville natale. Elle vécut comme la violette, d'une existence humble et cachée. Et cependant, depuis Marie Sybille Mérian, née en 1647, dont les fastes de la science aiment à perpétuer la mémoire, nulle personne du même sexe n'a peut-être apporté au culte de la nature un zèle plus vif et plus ardent.

Marie-Rose Gaudemard, à qui ces lignes sont consacrées, naquit à Marseille, le 18 mars 1821, dans une famille obscure ; mais la nature prit soin de la dédommager des mépris ou des injustices de la fortune, en la douant des plus nobles qualités de l'âme. Le 24 mai 1847, elle épousa M. Alexandre Wachanru, qui déjà commençait à se faire connaître par son zèle entomologique. Devenue sa compagne, elle comprit que pour lui être agréable et se rendre digne de lui, elle devait s'identifier avec ses goûts : de là cet empressement à le seconder dans ses recherches, empressement qui ne s'est jamais démenti.

10

Elle commença, en étudiant sa manière de faire, à s'initier aux divers secrets de la chasse aux insectes ; bientôt elle se sentit assez familiarisée avec les ruses de ces petits animaux, avec les moyens de les faire tomber dans ses piéges ou de les découvrir dans leurs retraites les plus cachées, pour être assurée de leur faire une guerre couronnée de succès. Dès lors, elle s'associa à toutes les excursions de son époux, partagea ses fatigues, et lutta avec lui d'activité et d'ardeur. Son pied agile le suivait dans les courses les plus éloignées. Comme lui, elle se riait des orages ou des pluies torrentielles qui parfois venaient les assaillir. Souvent, le soir, au moment où il quittait son travail, elle allait avec lui surprendre, à la clarté d'une lanterne, le *Cyrtonus rotundatus* et une foule d'autres coléoptères amis des ombres. Ces explorations se prolongeaient parfois assez avant dans la nuit. Le repas du soir se prenait alors dans les champs ; un rocher servait de table, et le plaisir se chargeait de faire oublier la frugalité des mets.

Mais bientôt elle ne se borna plus à accompagner M. Wachanru ; elle suppléait à l'esclavage dans lequel ses occupations commerciales le retenaient pendant les jours non fériés, et deux fois par semaine elle oubliait son travail ordinaire de couture, se munissait de tout l'attirail nécessaire, et seule, à pied, s'éloignait parfois jusqu'à trois lieues et plus de la ville, pour revenir le soir chargée de plantes à dessécher et de flacons remplis d'insectes à piquer ; et quand son mari rentrait au logis, il la trouvait occupée soit à étendre les algues et autres végétaux, qu'elle préparait avec un soin admirable, soit à embrocher les Coléoptères tombés en son pouvoir.

Combien de fois n'a-t-elle pas parcouru les solitudes sablonneuses de Mazargues, les vallons mi-boisés de Montredon, ou les côteaux presque arides dont les eaux de la mer viennent baigner les pieds ! Il eût fallu voir avec quelle vivacité elle piochait ou grattait la terre, déracinait les souches, visitait les vieilles écorces, ou fouillait les troncs des arbres vermoulus !

Nulle main n'était plus habile à manier le filet ou à utiliser le parapluie. Ni la chaleur du jour, ni les difficultés du terrain ne pouvaient rebuter son zèle; ni les piquants des plantes servant à protéger les insectes qui aiment à s'y abriter, ni les effluves souvent peu suaves de diverses substances sous lesquelles les entomologistes savent trouver des trésors, n'étaient capables de l'arrêter. Parfois elle s'oubliait ou se laissait surprendre par la nuit, pour avoir l'occasion de saisir, aux dernières lueurs du soir, le *Rhizotrogus vicinus* ou d'autres espèces crépusculaires.

Aussi, étalait-elle souvent à son retour les richesses d'une chasse fabuleuse, d'une chasse comme peu d'entomologistes peuvent se glorifier d'en faire. C'était, sans compter un nombre plus ou moins prodigieux d'insectes divers, tantôt une centaine de *Parmena Solieri*, tantôt cinquante à soixante *Bolbouras gallicus*, *Elenophorus collaris* ou autres bijoux de pareille valeur, dont on s'estime ordinairement fort heureux de rencontrer quelques individus. Il semblait n'y avoir pour elle point de Coléoptères rares. La plupart des collections de l'Europe se sont ainsi enrichies, depuis quelques années, et même plusieurs ont regorgé de nos insectes méridionaux, auparavant si difficiles à obtenir, insectes provenant tous, ou à peu près, de M. Wachanru ou de ses correspondants, et les heureux possesseurs de ces richesses entomologiques, ne se doutent pas de devoir, en grande partie, à la main d'une femme, ces objets plus ou moins précieux.

Marie ne se bornait pas à collecter les Coléoptères ; il serait difficile de dire quelle quantité d'insectes des autres ordres elle a recueillis. Elle était si heureuse de pouvoir offrir à celui qu'elle aimait tous les moyens possibles d'établir des relations plus nombreuses et généralement si agréables! aussi la chasse, par ce motif surtout, semblait être devenue pour elle une passion et presque un besoin.

Une fois, après être restée trop longtemps exposée aux ardeurs d'un soleil brûlant, elle fut assez sérieusement indisposée pour réclamer pendant toute la nuit des soins assidus. Quand l'aube parut, elle se trouva mieux. M. Wachanru avait projeté d'aller ce jour là chasser à Aubagne le *Cratomerus cyanicornis*. Marie demande à l'accompagner ; son époux hésitait à le lui permettre dans la crainte d'une rechute ; mais son regard suppliant exprimait un si vif désir, qu'il fallut bien céder. Une voiture la transporta jusqu'au lieu fixé ; elle y arriva dans un état de fatigue assez grand. Le soleil éclairait alors les belles prairies des bords de l'Huveaune. Elle aperçut un Cratomère, brillant comme une prase sur les languettes d'or d'un Léontodon ; c'en fut assez : fatigue et indisposition, tout avait disparu ; son époux eut à la suivre pendant deux heures, glanant sur ses pas les insectes en petit nombre échappés à ses regards ; plus de quatre-vingts de ces charmants Buprestides étaient tombés entre ses mains. Le plaisir avait eu une vertu plus efficace que les remèdes : elle était complètement rétablie.

Les bords de l'étang de Marignane sont renommés dans le midi pour la quantité d'insectes qui y pullulent ; M. Wachanru l'avait appris souvent par expérience. Marignane est à plus de sept lieues de Marseille, soit au moins soixante kilomètres pour l'allée et la venue ; dans les premières années de son hyménée le chemin de fer n'existait pas encore ; faire semblable course à pied, n'est pas une tâche facile pour une femme ; mais que ne peut une volonté puissante ! le désir donne des ailes,

> Et dans un faible corps s'allume un grand courage.
>
> DELILLE.

Les jeunes époux partaient à deux heures du matin, pour ne rentrer chez eux qu'à neuf ou dix heures du soir ; Marie, pour sa part, rapportait ordinairement plus de cinq cents insectes, parmi lesquels se trouvaient souvent jusqu'à quarante ou cinquante *Cymindis bufo*. Et combien de fois n'a-t-elle pas renouvelé ce pénible voyage !

Qui n'a ouï parler de la Ste-Baume(¹), montagne du département
du Var, si chère aux pélerins et aux naturalistes? Chaque année,
dans le mois de juin ou de juillet, M. Wachanru y accompagnait
son épouse, et après un certain nombre d'heures passées avec
elle, obligé de regagner Marseille, il la confiait pour huit jours
à d'honnêtes fermiers. Pendant cette longue séparation, Marie
couchait sur la paille, prenait de grand matin le chemin des bois,
n'emportant avec elle pour vivre qu'une nourriture dont se serait
à peine contenté le plus sobre des anachorètes, utilisait sans relâ-
che toute la journée, et ne songeait à se diriger vers la ferme dis-
tante au moins de trois quarts d'heure, qu'au moment où les
ombres venaient couvrir la forêt.

Mais de quelles douces jouissances ses peines n'étaient-elles
pas mêlées ! le cœur d'un amant passionné de la nature peut
seul les comprendre. Il eût fallu ouïr Marie racontant de quelle
émotion elle fut saisie, quand, pour la première fois, elle aperçut
une *Rosalie des Alpes*, posée à une certaine hauteur, sur le tronc
d'un frêne, étalant sa robe cendrée et faisant mouvoir ses antennes
parées de houpes de velours. Immobile, respirant à peine, les
regards attachés sur cette charmante créature, elle tremblait de
la voir échapper à sa convoitise. Le soleil la brûlait de ses feux ;
mais comme une sentinelle à son poste, elle n'aurait pas reculé
d'un pas. Enfin le gracieux insecte vint s'abattre à peu de distance d'elle sur un arbre renversé, et presque au même instant

---

(¹) La Ste-Baume est une montagne de plus de 900 mètres de hauteur.
Près du sommet existe une grotte haute de 6 mètres, longue de vingt, et
large de vingt à vingt-quatre, dans laquelle, suivant la tradition, sainte
Magdeleine aurait passé les trente dernières années de sa vie. On y a depuis établi une chapelle qui y attire un grand nombre de fidèles, le lundi
de la Pentecôte et le 22 juillet. La Ste-Baume est entourée d'une forêt
déclarée hors de coupe.

devenait son captif; mais en le saisissant, sa main était agitée d'un frémissement de bonheur impossible à maîtriser.

Quand elle redisait parfois, avec une naïveté charmante, les émotions si vives qu'elle avait éprouvées, son œil s'animait, son accent méridional prenait un ton plus expressif, et sa figure sur laquelle se reflétait son âme tout entière, exprimait dans un langage facile à comprendre, tout le plaisir dont elle avait joui.

Ses fatigues, d'ailleurs, avaient un si noble mobile ! Elle était si joyeuse et si fière d'étaler le fruit de ses recherches aux yeux de son ami, lorsqu'à la fin de la semaine il venait la chercher ! avec quelle joie indicible elle aimait à lire dans ses traits le sentiment de satisfaction dont il était pénétré ! tous ses regards semblaient lui dire que les peines et les sacrifices n'étaient rien pour elle, quand il s'agissait de lui procurer des objets qui contribuaient à son bonheur, et à répandre sur son nom un certain éclat.

Il fallait la voir surtout à l'approche de la fête de son époux ; elle semblait alors se multiplier, pour se livrer à des chasses dérobées, afin de pouvoir lui offrir, avec un bouquet d'immortelles, symbole transparent de son amour, le présent qu'elle savait devoir lui être le plus agréable : des flacons d'insectes inattendus.

Cinq années s'étaient ainsi écoulées, pendant lesquelles les deux époux avaient pu se livrer à leurs goûts entomologiques avec d'autant plus de liberté, que le ciel n'avait encore accordé aucun enfant à leurs espérances.

Des propositions furent alors faites à **M.** Wachanru pour aller s'établir à Tarsous (1), dans la Turquie d'Asie. Dévoué de cœur

---

(¹) *Tarsous,* ville d'une haute antiquité, peut-être l'ancienne *Tarchich* dont il est parlé dans l'Écriture, fondée par Sardanapale suivant Strabon, par une colonie grecque suivant d'autres historiens, est bâtie sur la rive droite du Carasou, l'ancien Cydnus, dont les eaux trop froides faillirent faire périr Alexandre, qui s'y était baigné. Elle a donné le jour à saint Paul. En hiver, elle a près de 30,000 âmes ; au printemps, une partie de la population se retire dans les montagnes.

à la maison à laquelle il était attaché, il hésita longtemps ; mais la fortune semblait, sur ces plages lointaines, lui offrir, d'une manière si séduisante, les illusions de son mirage magique, qu'il eût été difficile de résister.

Je parcourais alors la Provence avec ma famille ; nous nous rendîmes à Marseille pour faire nos adieux aux voyageurs : c'était le 12 septembre 1852. Il me semble encore avoir devant les yeux cette pauvre Marie ! sa taille était assez petite, mais son tempérament robuste. Sa noire et brillante prunelle révélait la vivacité de ses sentiments et l'énergie dont elle était capable, en même temps qu'un air de bonté répandu sur tous ses traits, donnait à sa physionomie un charme inexprimable. Elle joignait les grâces et la douceur de son sexe à la puissance de volonté qui se rencontre plus spécialement chez le nôtre. A son teint un peu hâlé il était facile de voir qu'elle avait souvent bravé les feux du soleil méridional. Nous gravîmes, le matin, le côteau sur lequel s'élève la chapelle de Notre-Dame-de-la-Garde. Tous ensemble, nous allions prier celle que les navigateurs aiment à nommer l'*Etoile de la mer*, de conduire sans accidents les jeunes émigrants jusqu'à leur destination. Nous passâmes une journée délicieuse, mêlée de jouissances et de regrets. Le lendemain, quand il fallut nous séparer, les yeux de Marie étaient humides ; ils laissaient deviner avec combien de peine elle s'éloignait de la France ; on aurait dit que de tristes pressentiments occupaient déjà son esprit.

Le 21 septembre, nos voyageurs quittaient Marseille sur le bateau-poste *le Caire*, et favorisés par un temps magnifique, jetaient l'ancre, le 2 octobre, dans la rade de Mersina, après avoir relâché à Malte, Syra, Smyrne(¹) et Rhodes ; les moments passés à terre avaient été fructueusement utilisés. Le 4, ils étaient rendus

---

(¹) A Smyrne, ils avaient quitté le paquebot le *Caire* pour monter sur l'*Eurotas*.

à Tarsous, situé à environ sept lieues du rivage de la mer. La chaleur y était encore très-forte (¹) ; la terre semblait calcinée. Ils
ne tardèrent pas à payer leur tribut à ce climat insalubre ; la
fièvre les mina ; Marie eut même quelque temps la tête comme
perclue et incapable d'aucun mouvement ; toutefois, ils se remirent l'un et l'autre. Dès-lors, tous les instants de liberté étaient
employés à explorer ce pays si riche et si peu visité. Marie songeait que peut-être son époux ferait connaître un jour les richesses
ignorées de cette province ! et elle était heureuse de travailler
pour sa gloire. Aussi, que d'objets n'a-t-elle pas recueillis ! que
de découvertes n'a-t-elle pas faites ! Elle mettait dans ses recherches un empressement d'autant plus vif, qu'elle pressentait
ne devoir pas rester longtemps dans ce pays. Trompés dans leurs
espérances, les époux tournaient leurs regards vers la France.
Mais avant de retourner à Marseille, M. Wachanru voulait s'y
assurer une position. Dans ce but, il écrivit au chef de son ancienne maison. La réponse arriva le 14 janvier, aussi gracieuse
et aussi favorable qu'il la pouvait désirer ; la délicatesse ne pouvait
même pousser plus loin les attentions. Inutile de dire quelle joie
ineffable, quel baume consolateur semblable nouvelle apporta au
cœur de nos émigrés. Leur imagination s'abandonna de suite aux
plus douces illusions. Dans quelques jours, ils allaient reprendre
le chemin de cette Provence tant aimée, objet de leurs regrets et
de leurs vœux ; ils allaient embrasser leurs parents et leurs amis ;
ils allaient enfin puiser une nouvelle vie au soleil de la patrie !

Hélas ! ces rêves de bonheur ne devaient pas se réaliser pour
l'un d'eux !

Le dimanche 16, l'un et l'autre se livrèrent encore à une
course entomologique, prolongée jusqu'à trois lieues de la ville.
Marie semblait mettre à cette chasse une ardeur plus grande en-

---

(¹) Le 4 octobre le thermomètre marquait encore à l'ombre 36° centigr.

core que de coutume, et la fortune la favorisait d'une manière
merveilleuse.

Le mercredi, 19, notre maison consulaire de Tarsous montrait
son drapeau, abaissé à mi-mât, en signe de deuil. MM. le vice-
consul de France (¹), les consuls d'Angleterre (²) et des Deux-
Siciles, (³) suivaient tristement un convoi funèbre. Ce convoi
était celui de Marie!...

La veille elle s'était levée vive et joyeuse comme les jours précédents, appelant de ses vœux le vaisseau destiné à la conduire à
Marseille, à lui faire saluer ce sanctuaire vénéré de Notre-Dame-
de-la-Garde, vers lequel se dirigeaient ses religieuses pensées. Elle
avait fait une promenade matinale avec M. Wachanru. Celui-ci,
en rentrant dans ses appartements, vers les dix heures, fut sur-
pris de ne pas l'y trouver. En s'approchant de la fenêtre, il l'aper-
çoit évanouie dans la cour. Voler auprès d'elle et la porter
dans sa chambre, fut l'œuvre d'un instant. Il réchauffe son corps
glacé, et parvient enfin à le ranimer. Il se hâte de courir
chez le pharmacien du lieu, faisant l'office de médecin ; après
l'avoir inutilement cherché, il retourne vers Marie, abandonnée
à elle-même ; elle se trouvait mieux, et tout semblait faire espérer que la syncope dont elle avait été saisie se réduirait à une
indisposition passagère, lorsque vers deux heures une crise vio-
lente semble menacer son existence ; l'espérance cependant ne
tarde pas à succéder à la crainte ; elle paraît même assez bien se
remettre, quand, une demi heure après, une crise nouvelle la
laisse tout à coup sans vie, dans les bras tremblants de son ami !

Pauvre femme ! enlevée si cruellement à la tendresse d'un
époux, à un âge où le chemin de la vie semblait devoir se dérouler

----

(¹) M. Marzoillier.
(²) M. Claperton.
(³) M. Contessini.

si longuement encore devant vos pas ! Puissent ces lignes, faible tribut de mon admiration, inspirer sur votre triste sort les sympathiques regrets des entomologistes ; et, en leur rappelant ce que vous avez fait pour leur science favorite, perpétuer dans leur souvenir le nom de Marie Wachanru !

NOTICE

sur

HUGUES-FLEURY DONZEL,

Par M. E. MULSANT.

Lue à la Société Linnéenne de Lyon, le 14 mars 1853.

Messieurs,

Le compatriote dont je veux essayer aujourd'hui de vous rappeler la vie, a rendu à la science d'assez grands services, pour n'avoir pas à craindre d'être oublié des entomologistes; car depuis cinq ou six lustres, aucun autre n'a contribué, pour une aussi large part, à nous faire connaître les espèces ignorées de Lépidoptères de nos provinces du midi. En me chargeant de cette tâche à laquelle se rattachent de si douloureux souvenirs, je cède non-seulement à la voix de l'amitié, qui m'en fait un devoir, mais j'acquitte en même temps une dette de notre Compagnie; car celui dont je vais vous entretenir a laissé à notre Société Linéenne un gage assez précieux, pour éterniser notre reconnaissance et perpétuer jusqu'à nos descendants le souvenir et le nom du donateur.

Hugues-Fleury Donzel naquit à Rive-de-Gier (Loire), le 14 février 1791. Après les années de l'enfance passées dans sa famille, il fut envoyé au deuxième lycée de Lyon, existant alors, sous la direction du grammairien Mollard, dans l'ancien cloître des Jacobins, occupé aujourd'hui par la préfecture. Ses études, à en juger par les regrets qu'il exprimait parfois, auraient pu y être plus complètes. Peu de temps après sa sortie de cet établissement, vers 1810, il fut engagé dans le commerce de soieries de notre ville, et cinq ans plus tard, il y devint l'un des chefs d'une maison de fabrique à laquelle il fut attaché jusqu'en 1829.

Donzel avait été destiné à l'industrie, comme on y pousse les jeunes gens auxquels on veut donner un état; il y était resté, soit retenu par les avantages pécuniaires qu'il en retirait, soit pour se montrer pourvu d'une occupation utile et lucrative, dans le cas où il songerait à se ranger un jour sous les lois de l'hymen; mais le commerce entrait peu dans ses goûts. Doué d'une imagination ardente, d'une sensibilité exquise, il éprouvait cette aspiration vers le beau idéal, cette sorte de feu sacré, qui anime les poètes et les artistes. Musique et poésie, tout ce qui a le pouvoir de remuer le cœur en charmant les oreilles, exerçait sur son être une puissance entraînante. La musique, cet écho de l'âme, cette expression mélodieuse de nos sentiments, était un de ses délassements favoris. Sa voix, dans l'usage ordinaire, marquée d'un timbre particulier, rapproché de l'enrouement, révélait, quand il chantait, l'imperfection de son organe; elle manquait d'éclat et de sonorité; mais elle avait cette justesse et cette pureté de sons, cette suavité moelleuse qui suppléent jusqu'à certain point à des avantages plus brillants, et il savait la moduler avec cette perfection de goût qui donne du prix aux moindres choses. Seul, il se plaisait à faire redire à son violon le langage mystérieux de ses sensations intimes. Son instrument, sous ses doigts, devenait l'interprète harmonieux de ses pensées. Sans être poète, dans l'acception vulgaire du mot, il aimait la poésie avec délices, celle surtout dans laquelle respirent la grâce et la délicatesse. Quand il répétait quelques-uns des vers dont sa mémoire était meublée, le ton parfait avec lequel il les disait, et l'animation de sa figure, suffisaient pour montrer combien il en savait apprécier les beautés.

Avec une semblable organisation, Donzel devait être facilement impressionné par tous les objets capables de produire en nous des sensations agréables. Les papillons, ces êtres aériens, dont les ailes présentent souvent tant d'éclat et de diversité, l'avaient séduit dès ses jeunes années, par la beauté de leur coquette parure. Leur chasse avait été un des jeux auxquels il se livrait avec le plus d'entraînement. Il les poursuivait dans leur vol capricieux, il épiait l'instant où ils butinaient dans le nectaire des fleurs, pour les envelopper dans son filet de gaze. Ce goût, ordinairement si fugitif, cet amusement si facilement délaissé pour les plaisirs d'un autre âge, avait été chez Donzel une véritable passion. Elle s'était assoupie au bruit des occupations commerciales ; une occasion pouvait suffire pour la réveiller ; cette occasion se présenta.

Des circonstances particulières le conduisirent un jour chez un mécanicien, collecteur de Lépidoptères. Il y vit un certain nombre de ces charmantes créatures, disposées avec assez de goût dans des cadres vitrés. Cet amateur lui parla avec un accent enthousiaste de ses chasses, des émotions délicieuses qu'il y puisait, des jouissances dont elles l'énivraient. Donzel en l'écoutant se sentit ému ; le souvenir des plaisirs éprouvés autrefois se représenta à son esprit ; c'en fut assez ; en lui, venait de se rallumer un amour, qui ne devait s'éteindre qu'avec la vie.

Dès ce moment, l'entomologie entra dans la plupart de ses projets, et absorba la majeure partie de ses instants disponibles. Peut-être se livra-t-il avec trop d'ardeur aux exercices pénibles qu'elle exige. Avec une taille avantageuse, son corps ne présentait pas toutes les conditions de santé désirables. Sa poitrine comprimée accusait de faiblesse les organes de la respiration. Vers la fin de 1822, ils furent fatigués; le larynx, qui se lie aux poumons, fut surtout affecté d'une manière pénible. Son état inspira quelques inquiétudes; l'air du midi fut conseillé; il se rendit à Hyères. La vue de ce ciel d'azur, les richesses entomologiques qu'il y recueillit, exaltèrent son imagination, et lui firent trouver, dans l'étude des Lépidoptères, un attrait plus vif encore. Jusqu'alors il s'était borné à collecter; il s'appliqua à devenir naturaliste.

Le climat si doux de notre Eden méridional avait eu sur sa santé une influence favorable. Le besoin d'échapper aux froids brouillards dont notre ville est enveloppée pendant l'hiver, devint dès-lors le motif ou le prétexte d'un séjour périodique dans le midi, durant les mois les plus rigoureux de l'année. Hyères le revit sans interruption jusqu'en 1830 (¹).

A partir de 1823, il se mit à élever une grande quantité de chenilles du *jasius*. Il employait un certain nombre de personnes à les chercher sur les feuilles de l'Arbousier, dont leur robe imite la couleur. Bientôt il eut le monopole presque exclusif de ce Nymphalide magnifique, rare encore dans les collections de l'Europe. La sienne, à partir de cette époque, s'accrut dans des proportions rapides, grâces aux échanges avantageux dont ce Lépidoptère devint la source.

Vers la fin de l'hiver de 1828, en quittant Hyères, il visita Gréoulx, puis Digne, résidence du docteur Honnorat (²).

(¹) Dans la plupart de ses voyages du Midi, il fut accompagné par un de ses amis, l'honorable M. Michel, de notre ville.

(²). Simon-Jude Honnorat, docteur en médecine, né le 3 avril 1783, à Digne, où il est mort le 30 juillet 1852. Il s'était beaucoup occupé d'entomologie et de botanique, et avait fourni à M. le comte Dejean des

Cet entomologiste habile avait parcouru, dans son amour
pour la science, les diverses parties du département des
Basses-Alpes. Il devint le guide et le conseil de Donzel; il lui
indiqua les lieux fréquentés de préférence par l'*alexanor*, la
médésicaste et une foule d'autres Lépidoptères plus spécialement particuliers à ces riches contrées. Presque chaque jour
lui offrait une conquéte nouvelle, et partant un plaisir nouveau. Ses jouissances furent vives et nombreuses. Toutefois
il n'y fut pas exempt de peines; mais celles-ci ne vinrent pas
de l'histoire naturelle : en voici la cause.

L'entomologie, malgré ses attraits, avait laissé dans son
âme un vide qu'il désirait voir rempli. L'hymen, depuis
quelque temps, était devenu l'objet de ses vœux. Avant de
quitter Lyon, son cœur y avait fait un choix, approuvé sans
peine par la raison et les convenances; mais les conseils de
la médecine et de l'amitié lui avaient empêché de se charger
de chaînes trop lourdes pour la faiblesse de sa constitution.
L'objet de ses affections ne tarda pas à devenir l'épouse d'un
rival plus heureux; la nouvelle lui en parvint à Digne; un
soupir involontaire, faible expression de ses regrets, fit comprendre combien la blessure était vive. Il chercha dans l'histoire naturelle un soulagement ou une distraction à ses peines;
il se livra avec une ardeur nouvelle à la chasse des papillons,
tâchant d'oublier, dans le sanctuaire de la science, l'image

matériaux pour son ouvrage sur les Carabiques. Le naturaliste parisien,
par reconnaissance, a consacré une espèce de Féronie à rappeler le nom
d'Honnorat. Ce savant médecin a laissé à son ami M. Natte une Faune des
insectes de la forêt de Faillefeu. Il abandonna plus tard l'histoire naturelle,
pour s'occuper d'un grand travail qui lui a fait beaucoup d'honneur,
savoir : *Dictionnaire provençal-français ou dictionnaire de la langue d'oc,
ancienne et moderne. Digne*, 1846-1847; 3 vol. in-4, suivi : d'un *Vocabulaire
français provençal.*

d'une félicité qu'il avait rêvée, et dont le prestige séduisant continuait à le poursuivre.

Dès l'instant où les douceurs de l'hymen lui semblèrent interdites, où les produits de ses occupations commerciales ne devaient plus avoir pour but de lui fournir les moyens de contribuer à embellir l'existence d'une compagne, que lui importaient de plus amples dons de la fortune? il possédait une aisance largement suffisante pour lui permettre de se livrer entièrement à ses goûts; son ambition n'avait plus de mobile. Il se retira des affaires, et rendu, par là, à une liberté complète, il concentra toutes ses affections sur ses amis et sur l'étude qui le passionnait.

Son premier voyage à Digne lui avait permis de juger des richesses entomologiques de ce pays; mais il s'était borné à visiter les localités rapprochées ou peu éloignées de la ville; il désirait s'élever jusqu'aux parties alpestres de ce département, connaître de près les stations privilégiées, où l'odorante lavande et diverses autres plantes de la même famille attirent en foule les insectes mellisugues; il brûlait surtout de voir la montagne des Boules, cet Eldorado des lépidoptérologistes, sur les flancs de laquelle un champ de gazons pare, au printemps, d'une immense couronne de fleurs, la forêt de sapins de Faillefeu (¹). Il retourna donc à Digne en 1831. M Honnorat, toujours si bienveillant, lui fit faire la connaissance de M. Natte (²), propriétaire de la forêt sus-nommée, et de l'unique maisonnette dans laquelle on puisse trouver un abri. Grâces à la complaisance de cet honorable négociant, il put

---

(¹) Voyez la note sur Faillefeu à la fin de cette notice.

(²) Qu'il me soit permis de témoigner ici ma reconnaissance à M. Natte, pour la bienveillante hospitalité qu'il m'a donnée à Faillefeu, à deux reprises différentes; de tels souvenirs ne s'oublient pas.

s'y installer quelque temps. De combien de Diurnes sa collection ne trouva-t-elle pas à s'enrichir! quelles ressources n'y puisa-t-il pas pour ses échanges? De Faillefeu, il se dirigea vers Allos, l'une des rampes les plus élevées de cette partie des Alpes; des conquêtes nouvelles l'y attendaient : il y découvrit l'*Erebia Scipio* et la jolie *Lycaene* à laquelle M. le docteur Boisduval a attaché le nom de Donzel (¹).

Il avait été trop satisfait des résultats de ce voyage, pour ne pas songer à explorer encore les Basses-Alpes ; aussi, à partir de cette époque jusqu'en 1840, retourna-t-il à peu près chaque année à Digne, d'où il rayonnait dans les environs.

Cependant, en 1833, il forma le projet de visiter l'Espagne méridionale, où l'espérance lui montrait de nombreux trésors à recueillir; un autre motif particulier s'y joignait : un de ses anciens amis était allé habiter l'Andalousie, et le désir de le revoir rendait plus vif encore le goût entomologique qui le poussait vers ces chaudes contrées. M. le colonel de Fontenay (²) auquel il fit part de ses intentions le détourna de son dessein. Il se résigna dès-lors à restreindre à nos départements du midi le cercle de ses pérégrinations.

(¹) *Lycaena Donzelii.* — Duponchel lui a également dédié une Phalénide: *Numeria Donzelaria.*

(²) Hyppolite-Reine CADET DE FONTENAY, colonel d'artillerie en retraite, officier de la légion-d'honneur, chevalier de St-Louis, né à l'île-Bourbon, ancien élève des écoles, après de glorieuses campagnes en Allemagne et en Espagne, avait terminé sa carrière militaire à la bataille de Toulouse. Retiré du service depuis cette époque, il s'était fixé à Lyon et livré à l'étude de l'Entomologie. Il était devenu l'un de nos naturalistes les plus distingués ; mais il était plus remarquable encore par la bonté, la douceur et l'aménité de son caractère. Frappé d'une attaque, à la suite de laquelle il était resté dans un état maladif, il se retira chez un de ses frères, à Toulon, où il est mort le 2 octobre 1845, dans la 71me année de son âge. Dejean a décrit un *Zabrus* destiné à rappeler le nom de cet homme de bien.

L'année suivante, il adressa à la Société entomologique de France, dont il faisait partie depuis 1833 (¹), un mémoire (²) plein d'intérêt, ayant pour base des observations de mœurs, destinées à corroborer les caractères zoologiques sur lesquels reposent diverses coupes établies parmi les Lépidoptères, et il créa pour la Piéride de l'Alizier (³) le genre *Leuconea* adopté aujourd'hui par la plupart des entomologistes. Peu de temps après il publia la Description de la *Crocalle du Lentisque*, découverte, en 1829, à Hyères, par Cantener (⁴), qu'il avait initié aux secrets de la science.

Dans les premiers mois de 1837, nous eûmes la douleur de voir mourir, presque inopinément, M. Chardiny (⁵), trésorier de la ville, et l'un de nos naturalistes les plus zélés ; par ses qualités personnelles, il avait su se concilier l'affection de tous ; mais par la conformité d'âge et de goûts, et par suite d'une liaison plus ancienne, Donzel lui était uni d'une manière plus intime. Quelle vive douleur n'éprouva-t-il pas à la nouvelle de cette fin inattendue! combien il aurait désiré avoir été dans nos murs pour recevoir le dernier soupir du confident de ses pensées! il voulut du moins rester chargé du soin de lui payer un dernier et juste tribut (⁶). Le cabinet de Chardiny, remarquable sous plusieurs rapports, renfermait des raretés rapportées par lui de Russie, la *Microdonta albida* (⁷) entre autres. Donzel, craignant de voir cette collection sortir de nos murs, s'entremit pour la faire acquérir par la ville ; et

---

(¹) Il avait été admis le 6 mars 1833.

(²) Voy. Annales de la soc. entom. de Fr. t. 6, 1837, p. 77.

(³) *Pieris crataegi* des auteurs.

(⁴) Né à Metz, mort à Hyères en mars 1847, âgé d'environ 44 ans.

(⁵) Né à Lyon où il est mort le 20 février 1837, âgé de 44 ans.

(⁶) Voyez Annales de la soc. entomol. de Fr. t. 6, 1837, p. xxvi.

(⁷) *Notodonta albida*, OCHSENH.

pour honorer la mémoire de son ami, dont ces trésors devaient servir à perpétuer le souvenir, il voulut la mettre en ordre lui-même dans les cartons de notre beau Muséum (¹).

Cette année 1837 fut pour lui, dans les Basses-Alpes, une de ses plus glorieuses campagnes. Il y découvrit un assez bon nombre d'espèces nouvelles, dont il publia la description peu de temps après (²).

Mais, déjà, les Alpes provençales ne suffisaient plus à son ambition scientifique, toujours avide de nouvelles conquêtes. Les Pyrénées, peu visitées encore, offraient à son imagination des richesses inconnues, qu'il voulait avoir la gloire de découvrir. Une occasion, et, j'allais dire une nécessité, lui fit prendre le chemin de ces montagnes. Le docteur Lallemant lui avait conseillé les eaux de Vernet-en-Confluent, près Tarbes (³); il s'y rendit dans un double but, et les jours passés dans ces lieux élevés ne furent pas perdus pour l'entomologie; un bon nombre d'épingles, pour me servir de ses expressions, furent noblement employées; il y découvrit trois nouvelles espèces de Nocturnes. Malgré ces heureux résultats, les Pyrénées n'avaient pas répondu à ses espérances; il retourna, en 1859, à ses chères Alpes des environs de Digne. La même année il fit connaître une *Crocalle* inédite, trouvée, dans les environs de Marseille, par son ami M. Dardouin (⁴), à qui il la dédiait.

(¹) Le Muséum de Lyon, confié aux soins intelligents de M. le docteur Jourdan et disposé d'après une méthode qui lui est propre, a été fondé par feu M. Prunelle.

(²) Voy. Annal. de la Soc. entom. de Fr. t. 6, 1837, p. 471 et suiv.

(³) Département des Pyrénées orientales.

(⁴) M. Dardouin, possesseur d'une belle collection, s'occupe de Lépidoptères avec beaucoup de succès. On lui doit la découverte de plusieurs espèces.

Malgré la faiblesse de sa santé, et les ménagements devenus nécessaires pour la conserver, Donzel, facilement entraîné par la vivacité de ses désirs, ne savait pas toujours mettre à ses exercices des bornes raisonnables. Dans l'automne de 1840, à la suite d'une partie de chasse à la bécasse, pendant laquelle ses pieds restèrent longtemps humides, son affection laryngienne prit tout à coup un développement alarmant ; il se crut aux portes du tombeau. Son regard plein d'une triste mélancolie semblait dire à ses amis avec quel regret il voyait arriver le moment de se séparer d'eux. Mais heureusement son heure n'était pas encore venue. La science médicale, à l'aide de dérivatifs héroïques mais douloureux, parvint à éloigner les ombres de la mort qui semblaient devoir bientôt l'envelopper. Il retourna demander au ciel embaumé d'Hyères cette douceur de température si nécessaire à son genre de maladie. Forcé d'abord de prendre du repos, et plus tard d'apporter des ménagements dans ses promenades, de renoncer surtout à toute chasse de nuit, il tâchait d'obtenir par des mains rétribuées les lépidoptères et les chenilles qu'il ne pouvait recueillir lui-même. Il demanda alors à la botanique des jouissances acquises sans fatigues. Un des hommes dont Lyon, et la Société linnéenne en particulier, regretteront longtemps la perte, M. Champagneux (¹), lui servit de maître et de guide.

(¹) Anselme-Benoit Champagneux, né à Bourgoin (Isère) le 12 août 1774, mort à Hyères le 28 novembre 1845.

M. Champagneux, l'un de nos botanistes lyonnais les plus instruits, avait été obligé, par suite de l'état de sa santé, d'aller, depuis 1839, passer une partie de l'année à Hyères. Là, comme dans notre ville, il avait su inspirer une estime profonde. A sa mort, la ville tout entière s'est portée à ses funérailles ; et le conseil municipal, interprète des sentiments de la population, a voulu, pour honorer sa mémoire, concéder gratuitement et à perpétuité le lieu dans lequel reposent les dépouilles mortelles

L'air attiédi de ce climat privilégié lui fut encore une fois favorable; sa santé devint moins chancelante; mais il conserva jusqu'à la fin la déglutition difficile et douloureuse.

En 1842, il se rendit aux eaux de Saint-Alban, à deux lieues de Roanne; là, comme partout, l'entomologie eut une large part dans l'emploi de son temps. Il signala dans cette localité deux Lépidoptères (1) considérés généralement comme beaucoup plus méridionaux, et un autre regardé jusqu'alors comme particulier à la Hongrie (2). Quelques semaines auparavant il en avait fait connaître deux autres, découverts en Algérie par le capitaine Charlon (3). Il écrivit sur ce dernier, dont l'histoire naturelle avait à déplorer la perte, une longue notice, dont la Société entomologique se borna à donner un extrait (4).

Déjà il projetait de faire la Faune des Lépidoptères du département des Basses-Alpes (5). En attendant, il publia, en 1844, la description d'une *Polie* nouvelle, découverte aux alentours de Marseille, par MM. Félix et Dardouin. En 1846, il augmentait de quatre espèces inédites la liste de celles dont on lui devait déjà la connaissance (6).

Depuis 1840 il avait recommencé à passer la mauvaise saison

---

de cet homme vénéré. Par ses dispositions testamentaires, M. Champagneux a légué son herbier à la Société Linnéenne de Lyon. Son digne frère, gendre de l'ancien ministre Roland de la Platière, a bien voulu y adjoindre les livres de botanique du défunt. M. Roffavier a publié sur celui-ci une notice historique (Annal. de la Soc. Linn. 1845-1846).

(1) *Melitæa deione* et *Zigæna sarpedon.* Voy. Annal. de la soc. entomol. t. 11, p. LXII.

(2) *Cloantha radiosa,* loc. cit. p. LIII.

(3) *Anthocaris Charlonia. — Bombyx philopalus.*

(4) Attendu que le capitaine n'appartenait pas à la savante compagnie.

(5) Voy. Ann. de la soc. entom. de Fr. t. 11, 1852. p. LXIII.

(6) Même ouvrage 2e, série, t. 5.

à Hyères. Ce pays semblait avoir perdu à ses yeux une partie
de ses anciens charmes, par les souvenirs tristes et douloureux qu'il lui rappelait. En 1845, il avait eu à y pleurer
l'excellent M. Champagneux; deux ans plus tard, il y avait vu
mourir cet ardent Cantener, son disciple en entomologie.
Ces motifs contribuèrent à lui faire momentanément aban-
donner ce lieu naguère si cher. Dans l'automne de 1847 , il
se laissa entraîner à Nice, sur les pas de quelques amis. Malgré les agréments qu'il put trouver dans cette ville, il ne tarda
pas à regretter son séjour hyémal ordinaire. Hyères était devenu sa seconde patrie; il y avait ses habitudes; il y était
aimé et recherché. Et comment en aurait-il été autrement ?
Donzel était fait pour inspirer, à son égard , le dévouement
qu'il était susceptible d'éprouver pour les autres. Il avait le
cœur plein de nobles sentiments (1), d'une droiture inflexible,
et fait pour des attachements vivaces. Il ne se liait pas avec
facilité; mais dès qu'on avait acquis ses sympathies, les
nœuds qu'il formait étaient solides et durables. Si, quelquefois emporté par sa vivacité, il se laissait aller à quelque bou-
tade, il tendait si promptement une main amie à celui qu'il
soupçonnait avoir blessé , qu'il aurait été impossible de ne
pas oublier de suite ses torts , quand même il en aurait eu
de réels.

En 1849, il revit le département des Basses-Alpes et ses
montagnes aimées. Il y passa la belle saison, avec ce bon et
malheureux Pierret (2), qui devait le précéder de quelques

____

(1) Il faisait le bien sans recherche et sans ostentation. M. Cantener
aimait à redire les services signalés dont il lui avait été redevable lors de
son départ pour l'Algérie en 1846.

(2) Alexandre Pierret, né le 12 avril 1814, à Paris, où il est mort le
27 mai 1850. Voir la notice publiée sur cet entomologiste par M. Doué
(Ann. de la soc. entomol. de Fr. 2e série, t. 8, p. 351 et suiv.).

mois dans la tombe. Combien il regrettait de n'avoir pas la vigueur de son jeune compagnon ! Toutefois il le blâmait de se laisser aller avec trop d'ardeur à ses goûts passionnés. Hélas ! s'il eût été dans un état plus complet de santé, il n'aurait peut-être pas été plus sage; mais ses forces ne lui permettaient plus de semblables efforts.

L'année suivante, il se rendit à Digne, qu'il devait saluer pour la dernière fois. Il y fut assez sérieusement malade. Les sages prescriptions du docteur Honnorat, les soins affectueux de la famille Faucou (¹), le remirent sur pied ; mais il revint à Lyon, dans un état chancelant. Son premier souci fut de mettre la dernière main à sa *Notice entomologique sur les environs de Digne* (²) à laquelle il travaillait depuis quelque temps. Avant de terminer sa carrière, il veut signaler aux amis de la science les mines dont il a su tirer des trésors ; leur indiquer, d'après son expérience, les moyens de perdre moins de temps et d'obtenir des moissons plus abondantes. C'est une sorte de testament, par lequel il lègue à ses successeurs les sources des jouissances auxquelles il s'est énivré ; c'est en même temps un code de la chasse aux Nocturnes, et un guide du naturaliste, dans ces contrées accidentées. Il en passe en revue les stations principales; il énumère les espèces remarquables qui s'y trouvent; fait connaître l'époque où il faut les chercher. Il initie le lecteur à ses joies, à ses déceptions, à ses peines. Voyez sa figure rayonnante de plaisir, lorsque sur la rive droite du Verdon, à une lieue au-dessous d'Allos, « dans ce petit coin de tout premier mérite, *Musiva* tombe

---

(¹) L'hôtel du *Lion d'or*, tenu par M. Faucou, est le lieu de rendez-vous des naturalistes qui visitent Digne et ses environs. On y trouve tous les avantages désirables.

(²) Publiée dans les Annales de la Société Linnéenne de Lyon, 1850-1852.

« pour la première fois dans ses heureuses mains (¹) »! Ne souffre-t-on pas soi-même des regrets qu'il éprouve encore, d'être arrivé trois semaines trop tard à Larche, l'année précédente? « les trois quarts des Noctuelles y étaient tellement « ébréchées par l'usage de la vie, qu'elles n'étaient bonnes à « rien ; vingt jours plus tôt, tout eût été digne de l'épin- « gle (²)! » Il se rappelle avoir négligé de visiter certains points des Alpes, qui, par leur nature granitique, doivent avoir une flore particulière,et peut-être offrir des espèces nouvelles : ah! s'écrie-t-il, en soupirant, « si j'étais jeune et robuste, je n'en « laisserais pas le soin à un autre (³) » !

Ne dirait-on pas ces feuilles écrites par un de ces néophytes que l'amour de la science embrase de ses premières ardeurs? et cependant quand il en traçait les dernières lignes, la mort, de son doigt glacé, l'indiquait déjà comme une de ses prochaines victimes. Sa maladie du larynx avait gagné les poumons. La médecine n'avait pour lui plus de dictame; tous les soins étaient impuissants; ses forces s'en allaient chaque jour. Il confie alors au papier ses dernières disposi- tions (⁴). Il lègue à la Société Linnéenne de Lyon, dont il venait d'être nommé membre, et sa collection magnifique produit des peines et des travaux de trente ans de sa vie, et tous les ouvrages de sa bibliothèque relatifs aux Lépidoptères. Il abandonne à cette Compagnie le soin de mettre au jour le dernier fruit de sa plume. Hélas, à peine eut-il le temps d'en

---

(¹) Voyez Annales de la Société Linnéenne. 1850-52 p. 36.

(²) *id.* p. 38.

(³) *id.* p. 7.

(⁴) Son testament olographe, en date du 7 octobre 1850, a été déposé le 21 novembre 1850, aux minutes de M. Laforest notaire et ancien maire de Lyon. M. Auguste Tarlet, un des plus anciens et des plus dignes amis de Donzel, a été chargé d'en assurer l'exécution.

voir les premières pages reproduites par l'impression ! En
jetant les yeux sur elles, son regard mourant se ranima, et
un léger sourire erra sur ses lèvres. Ce fut le dernier plaisir
que lui donna l'entomologie. La mort s'avançait à grands pas;
il la voyait venir avec cette résignation confiante qu'inspire
la religion dont il s'était empressé de réclamer les secours;
et, soutenu par ses espérances, il s'endormit paisiblement,
le lundi 18 novembre 1850.

Voici la liste de ses travaux.

1. Observations sur l'accouplement de quelques genres de Lépidoptères
diurnes et sur le genre *Piéride*.

> (Annales de la société entomologique de France (séance du 16 novembre 1836)
> t. 6, 1837, p. 77-81.)

2. Crocalle du lentisque.

> (Ann. de la soc. entom. de Fr. (séance du 31 décembre 1836) t. 6, 1837,
> p. 13-14. pl. 1. fig 8, 1 (σ), 2 (φ).

Crocallis lentiscaria.

3. Notice sur M. Chardiny.

> (Ann. de la soc. entom. de Fr. (séance du 5 avril 1837) t. 6, 1837 p. xxvi-
> xxx).

4. Description de cinq espèces de NOCTUÉLITES et de deux PHALÉNITES,
découvertes dans le département des Basses-Alpes en 1837.

> (Annal. de la soc. entom. de Fr. (séance du 20 décembre 1837) t. 6, 1837,
> p. 471-479, pl. xviii, fig. 1 à 8).

Agrotis telifera,	p. 471,	pl. 18,	fig. 1.
Agrotis gilva,	p. 473,	— —	fig. 2.
Agrotis Honnoratiana,	p. 474,	— —	fig. 3 φ, 4 σ.
Polia dumosa,	p. 475,	— —	fig. 5.
Apamea aquila,	p. 476,	— —	fig. 6.
Melanthia breviculata,	p. 478,	— —	fig. 7.
Larentia muscosata,	p. 478,	— —	fig. 8.

5. Description de trois nouvelles espèces de Lépidoptères trouvés dans les
Pyrénées orientales.

> (Ann. de la soc. entom. de Fr. (séance du 21 septembre 1838) t. 7, 1838,
> p. 425-432. pl. 12. fig. 1 à 5).

1. *Hepialus pyrenaicus,* p. 429, pl. 12, fig. 1 et 2.
2. *Apamea rubeuncula,* p. 430, pl. 12, fig. 3 et 4.
3. *Larentia ligustigata,* p. 431, pl. 12, fig. 5.

6. Description d'une nouvelle Phalène du genre Crocallis.

> (Ann. de la soc. entom. de Fr. (séance du 2 octobre 1839) t. 9, 1840. p. 59-
> 60. pl. 4. fig. A, ♂, B, ♀).

Crocallis Dardoinaria.

7. Notice sur la *Noctua jaspidea* de de Villers, confondue mal à propos,
par Brokhausen, avec l'*oleagina* de Linné. Description de cette espèce
qui appartient au genre *Miselia* de Treitschke, ainsi que de sa chenille.

> *Noctua jaspidea*, DE VILLERS, p. 213. pl. 4. n° 1. fig. 1.
> Sa chenille p. 215. pl. 4, n° 1. fig. 2.

8. Description de deux Lépidoptères nouveaux recueillis en Barbarie, par
le capitaine Charlon (décrits et publiés par Donzel).

> (Ann. de la soc. entom. de Fr. (séance du 4 mai 1842) t. 11. 1852. p. 197-
> 199. pl. S. fig. 1 et 2).
>
> 1. *Anthocaris Charlonia* ♂, Donz. p. 197. pl. 8 fig. 1.
> 2. *Bombyx philopalus*, Donz. p. 198. pl. 8. fig. 2.

9. Notice nécrologique sur M. Augustin Charlon, chevalier de la Légion-
d'honneur, capitaine au 22ᵉ régiment de ligne, mort en Algérie.

> (Annal. de la soc. entom. de Fr. (séance du 4 mai 1842) t. 11., 1842, p. xxviii).

10. Description d'une nouvelle espèce de Lépidoptère.
Polia Feliciana.

> (Ann. de la soc. entom. de Fr. (séance du 17 juin 1844) 2ᵉ série, t. 2, 1844,
> p. 199-201, pl. 6. n° 2).

11. Description de Lépidoptères nouveaux.

> (Annal. de la soc. entom. de Fr. (séance du 9 septembre 1846) 2ᵉ série, t. 5.
> 1847, p. 525-530. pl. 8. n° 1. fig. 1 à 6).
>
> 1. *Agrotis hastifera,*   p. 525. pl. 8. n° 1. fig. 1 et 2.
> 2. *Orthosia amica,*   p. 527. pl. 8. n° 1. fig. 3.
> 3. *Cigaritis zorha,*   p. 528. pl. 8. n° 1. fig. 5 et 6.
> 4. *Caradrina laciniosa,* p. 529. pl. 8. n° 1. fig. 4.

12. Observations sur l'indigénéité des *Sphinx nerii* et *celerio.*

> (Ann. de la soc. entom. de Fr. (séance du 10 octobre 1849) t. 8, 1850
> p. 225-232).

13. Notice entomologique sur les environs de Digne et quelques points des
Basses-Alpes.

> (Annales de la société linnénne de Lyon (séance du 11 novembre 1850) année
> 1850-1852 p. 3-48).
>
> Il y a eu des tirés à part de ce travail.

NOTES.

Les entomologistes qui voudront visiter les Basses-Alpes, me sauront peut-être quelque gré de leur tracer ici l'itinéraire de Digne à Faillefeu. On suit d'abord la route de Seyne jusqu'à la Javie, village de deux cents âmes à peine, chef-lieu de canton, distant de 14 kilomètres de la ville départementale. Près de la Javie, la *Blanche* rivière torrentielle qui descend de Seyne, vient se joindre à la *Bléonne*, qu'on traverse sur un pont en pierres, avant d'arriver au village. Là, on abandonne la route, pour suivre un chemin établi jusqu'à Prads, le long de la Bléonne. A une heure environ de la Javie, se montre Champourçain, autrefois résidence du seigneur du lieu; puis on traverse Blagier, village de peu d'importance, après lequel les montagnes se montrent plus dénudées et le sentier plus étroit ([1]), jusqu'à Prads, pauvre village de 42 feux. Il faut alors passer sur la rive gauche de la Bléonne; on la traverse vis-à-vis la Balme-Chirat et la Barre de la Croix, et l'on entre dans une gorge très-étroite, au fond de laquelle roule, avec un bruyant murmure, le ruisseau qui descend de Faillefeu. La rive droite est bordée de rochers presque perpendiculaires, des flancs desquels sort, à environ soixante et quinze mètres de hauteur, la cascade de Fonbruant. La rive opposée offre une montagne en éboulis, sur laquelle on a établi un sentier en lacets, très-dangereux à suivre en temps d'orage, en raison des pierres que les pluies détachent et font rouler sur cette pente rapide.

([1]) En août 1852, ce sentier usurpé sur la base des montagnes qui encaissent la Bléonne, venait d'être complètement détruit par les pluies torrentielles. Avant la révolution de 89, ces montagnes étaient couvertes de bois, et la rivière coulait à travers de riches prairies, dans un lit assez resserré pour que deux hommes placés sur les bords opposés pussent se tendre une fourche. Depuis lors, les bois ont été détruits, et le fond de la vallée, large de cent à cent soixante mètres, a été transformé en un lit de cailloux, que la Bléonne couvre parfois de plusieurs pieds.

Après une heure d'une marche pénible, on arrive au hameau de Tercier (¹).
La forêt est à une demi-heure ou trois quarts d'heure plus loin (²).

(¹) Il doit son nom à son origine. Trois frères, les sieurs Thomas, Barthélemy et Jacques Daumas le fondèrent vers le commencement du xvie siècle. En 1511, le R. P. Messire Jean de *Visulio* recteur du collége de S. Martial d'Avignon, de qui dépendait le prieuré de Notre-Dame-de-Faillefeu, vicaire-général pour les choses spirituelles et temporelles de T. R. P. et seigneur Jacques d'Amboise, abbé de Cluny, concéda à ces trois frères la faculté de prendre, dans le terroir de Faillefeu, du bois mort et de la fustaille, de s'y approvisionner de *Raubé d'araire* (timons de charrue) et d'y introduire les bœufs pour les y faire paître.

Les habitants de ce hameau vivent aujourd'hui principalement du produit de leur industrie, qui consiste à transporter, à dos de mulet, jusqu'à Prads, les planches de sapins confectionnées à Faillefeu. Ces planches sont ensuite placées sur des charrettes, obligées de suivre le lit de la Bléonne jusqu'à la Javie, où l'on trouve la route de Digne à Seyne.

(²) Jadis elle appartenait aux Templiers ; ils avaient fait bâtir à ses pieds un couvent qui paraît avoir eu de nombreux habitants, à en juger par la quantité d'ossements trouvés dans le cimetière. Les traces du couvent ont à peu près disparu ; mais les fondations de l'église existent encore, et servent à montrer l'étendue qu'avait cet édifice religieux.

Après la destruction de l'ordre des chevaliers du Temple en 1312, le terroir de Faillefeu passa entre les mains des moines de Cluny. Ceux-ci l'ont possédé jusqu'à la révolution, époque à laquelle il devint propriété nationale. Après avoir gardé la forêt, un certain nombre d'années, sans la faire exploiter, faute de chemins pour en faire sortir les bois, l'état se détermina à la vendre. Elle fut achetée par l'honorable M. Natte, son possesseur actuel. Il y a fait construire des scies-à-eau, et a tiré parti de son acquisition d'une manière qui fait honneur à son activité et à son intelligence.

DESCRIPTION

DE QUELQUES ESPÈCES INÉDITES

DE PALPICORNES

CONSTITUANT UN GENRE NOUVEAU DANS LA BRANCHE

DES **BÉROSAIRES.**

PAR

E. MULSANT.

(Présentée à la Société Linnéenne de Lyon le 12 janvier 1852).

GENRE **BRACHYGASTER**, BRACHYGASTRE.

(Βραχύς , court ; γαστήρ , ventre.)

CARACTÈRES. *Antennes* de huit articles : le premier, inséré dans le rebord de l'épistome, faiblement arqué, plus gros que les cinq suivants, allongé : le deuxième, presque aussi long, sub-conique : les troisième, quatrième et cinquième, petits, très-courts : le cinquième, presque confondu avec la base de la massue : celle-ci, pubescente, formée des trois derniers articles : les sixième et septième, subglobuleux : le huitième, un peu plus gros, ovalaire, subdéprimé. *Épistome* tronqué ou échancré en devant, séparé du front par une suture frontale plus ou moins distincte, en angle très ouvert et dirigé en arrière. *Labre* transversal. *Mandibules* cornées ; peu saillantes, bi ou trifides à l'extrémité. *Palpes maxillaires* moins longs que les antennes, subfiliformes.

Palpes labiaux à dernier article plus grêle que les précédents. *Menton* plan, arqué ou semi circulaire en devant. *Yeux* non saillants au dessus du front et peu sur les côtés de la tête. *Tête* inclinée. *Prothorax* transversal; très-convexe; bissinueusement échancré en devant, avec la partie médiaire de cette échancrure un peu arquée, et notablement plus avancée que les angles antérieurs quand l'insecte est vu perpendiculairement en dessus; à angles antérieurs avancés et embrassant les côtés de la tête, jusqu'au milieu du côté externe des yeux. *Écusson* en triangle d'un quart au moins plus long que large. *Élytres* à dix stries ou rangées striales de points, sans apparence à la base d'une onzième strie rudimentaire entre la juxta-suturale et la deuxième. *Corps* oblong; subcomprimé; convexe; longitudinalement arqué. *Mésosternum* en carène. *Ventre* de quatre à cinq segments : le cinquième, court, parfois peu apparent. *Cuisses* comprimées; à peine pubescentes jusqu'au tiers de la longueur. *Jambes de devant* assez fortement élargies de la base à l'extrémité; obliquement coupées en arc à celle-ci. *Jambes intermédiaires* et *postérieures* non garnies de longs cils. *Tarses* postérieurs graduellement rétrécis; comprimés; brièvement frangés ou ciliés. Deuxième et troisième articles des tarses antérieurs dilatés dans les ♂.

Obs. Dans toutes les espèces suivantes, le prothorax est de plus de moitié moins court dans le milieu que sur les côtés; rayé près des bords antérieur et latéraux d'une ligne parallèle à ceux-ci, qui les fait paraître munis d'un rebord qui est nul sur la partie médiaire du premier et qui va en s'effaçant vers la partie des seconds qui se rapproche des angles postérieurs; il est peu ou point sinué et sans rebord, à la base : ses angles antérieurs sont avancés, peu ou point émoussés; ses angles postérieurs sont subarrondis. Les élytres sont sensiblement plus larges que le prothorax à ses angles postérieurs; peu ou point émoussées à l'angle sutural; munies latéralement d'un rebord étroit, qui va en s'affaiblissant ou en s'effaçant vers la partie postérieure ; leurs stries sont plus faibles ou moins marquées en devant que postérieurement : les trois premières s'effacent en se rapprochant de la base : la sixième s'arrête sur le calus : la septième est un peu plus courte. Le mésosternum est relevé en forme de lame comprimée, coupée plus ou moins perpendiculairement à sa partie antérieure et ordinairement plus prolongée postérieurement à la partie supérieure de sa tranche qu'à la basilaire. Le quatrième arceau ventral est muni sur la partie postérieure de sa ligne médiane d'une sorte de carène raccourcie, plus ou moins sensiblement prolongée ou relevée en forme de pointe ou de dent. Le cinquième arceau est fendu et plus ou moins bidenté.

Les espèces de ce genre paraissent particulières aux chaudes contrées de l'ancien monde.

Le tableau suivant facilitera leur détermination spécifique.

A. Elytres ornées d'une petite dent à l'angle sutural. — Aucune des stries n'arrivant à la base.

  1. *Denticulatus.*

AA. Elytres inermes à l'angle sutural. — Quelques stries plus ou moins distinctement prolongées jusqu'à la base.

  B. Mésosternum subarrondi et sans dent à la partie antérieure de sa tranche.

    2. *Stagnicola.*

  BB. Mésosternum orné d'une petite dent à la partie antérieure de sa tranche.

    C. Intervalles visiblement ponctués.

      3. *Metallescens.*

    CC. Intervalles superficiellement pointillés.

      4. *Indicus.*

1. B. denticulatus. *Oblongus, posticè subangustatus ; convexus, subcompressus, fusco-œneus, posticè dilutior. Elytris striato-punctatis, striis subterminalibus, anticè omnibus evanescentibus, angulo suturali*

*dente minimo armato ; interstitiis sat crebrè punctatis. Corpus infrà
ferrugineum ; mesosterno laminâ compresso-elevatâ, vertice anticè
dentato. Pedibus ferrugineis, tibiis fuscis.*

Long. 0,0056 (2 1/2 l.) Larg. 0,0030 (1 2/5 l.)

Corps oblong ; en dessus, d'un brun bronzé, luisant, graduellement un peu moins obscur vers l'extrémité des élytres. *Tête*
assez finement ponctuée. *Antennes* et *palpes* d'un rouge jaune :
les premières à massue grise : les seconds à extrémité obscure.
Prothorax moins densement et plus finement ponctué sur le dos
que sur les côtés. *Écusson* pointillé ; en triangle de moitié environ plus long que large. *Élytres* à bord externe légèrement en
arc rentrant dans son milieu : cette ligne peu ou point incourbée
vers les épaules ; faiblement élargies jusqu'au quart de leur
longueur, subcurvilinéairement rétrécies ensuite, médiocrement
étroites et subarrondies à leur extrémité ; armées chacune d'une
très petite dent à l'angle sutural ; deux fois à deux fois et quart
aussi longues que le diamètre transversal le plus grand de chacune ; à stries terminées un peu avant l'extrémité, ponctuées
ou marquées de points séparés les uns des autres par un espace
à peu près égal au double de leur diamètre, affaiblies postérieurement et antérieurement, aucune d'elles n'arrivant distinctement
jusqu'à la base. *Intervalles* assez densement et très-visiblement
marqués de points dont plusieurs sur la moitié interne postérieure
des élytres donnent naissance à des poils assez courts, très-fins,
disposés sans ordre, peu apparents et parfois usés. *Dessous du
corps* ferrugineux. *Mésosternum* relevé en lame comprimée,
verticalement coupé à sa partie antérieure, à tranche inégale,
armé à sa partie antérieure d'une dent moins élevée que le reste
de sa surface : celle-ci paraissant un peu denticulée et garnie de
quelques poils. *Cuisses* ferrugineuses ; *jambes* plus brunes.
Pubescence des premières prolongée d'une manière oblique

jusqu'à la moitié environ des antérieures et jusqu'au quart des postérieures.

Patrie: Madagascar, (Dupont).

2. **B. stagnicola.** *Oblongus, posticè angustatus, convexus, subcompressus, subaeneus. Elytris punctato-striatis, striis anticè laevioribus ; quartâ, quintâ tribusque exterioribus tantum usque ad basin distinctis: aliis anticè obliteratis; interstitiis longitudinalibus in medio evidentiùs punctulatis. Corpus infrà nigrum ; mesosterno carinâ compressoelevatâ, vertice anticè obtuso, edentato.Pedibus piceis, anticis dilutioribus.*

Long. 0,0045 (2 l.) Larg. 0,0021 (1 l.).

Corps oblong ; bronzé ou d'un brun bronzé, luisant en dessus. *Tête* superficiellement pointillée. *Antennes* et *palpes maxillaires* d'un rouge testacé : massue des premières, grise. *Prothorax* pointillé. *Écusson* pointillé; de moitié au moins plus long que large. *Élytres* à bord externe légèrement en arc rentrant dans son milieu, incourbé dans le premier sixième de la longueur ; faiblement élargies jusqu'au quart de la longueur, rétrécies ensuite jusqu'à l'extrémité qui est terminée en pointe obtuse; deux fois et quart aussi longues que le diamètre transversal de chacune; à stries prolongées à peu près jusqu'à l'extrémité, ponctuées ou marquées de points qui les crénèlent un peu et séparés les uns des autres par un espace sensiblement moindre que leur diamètre, assez marquées postérieurement, plus faibles en devant, réduites près de la base à des rangées de points striément disposés: les quatrième, cinquième, huitième, neuvième et dixième assez distinctement prolongées jusqu'à la base, les autres ou du moins la plupart d'entre elles ne paraissant pas y arriver. *Intervalles* pointillés ou marqués de points un peu inégaux, plus apparents sur le milieu, presque nuls ou plus petits près des stries : les quatre à cinq premiers, garnis dans leur seconde moitié de

12

poils blanchâtres presque indistincts et souvent usés. *Dessous du corps* noir ou d'un noir brun. *Mésosternum* relevé en lame comprimée; arrondi à la partie antérieure de sa tranche. *Pieds* d'un brun de poix: les deux antérieurs plus clairs ou moins obscurs. Pubescence des cuisses prolongée en ligne oblique jusqu'au tiers ou deux cinquièmes de la longueur des antérieures, jusqu'au quart de celle des postérieures.

PATRIE: Madagascar (Dupont).

3. **B. metallescens**. *Oblongus, posticè angustatus, convexus, subcompressus, aeneus. Elytris striato-punctatis, striis anticè lævioribus, quartâ, quintâ tribusque exterioribus tantum usquè ad basin distinctis : aliis anticè obliteratis ; interstitiis sat crebrè punctatis. Corpus infrà piceum ; mesosterno carinâ compresso-elevatâ, vertice anticè dentato. Pedibus piceo-ferrugineis, anticis dilutioribus.*

Perosus metallescens, Dupont, in collect.

Long. 0,0045 (2 l.) Larg. 0,0021 (1 l.)

Corps oblong; bronzé; luisant, en dessus. *Tête* densement pointillée. *Antennes* et *palpes* d'un jaune testacé : massue des premières, grise; extrémité des seconds, obscure. *Prothorax* plus légèrement et plus parcimonieusement pointillé sur le dos que sur les côtés. *Écusson* lisse près de ses bords latéraux, pointillé dans son centre; en triangle d'un quart plus long que large. *Élytres* à bord externe légèrement en arc rentrant dans son milieu, peu ou point incourbé vers l'angle huméral; faiblement élargies jusqu'au quart environ de la longueur, subcurvilinéairement rétrécies ensuite jusqu'à l'extrémité qui est terminée en pointe obtuse; deux fois et demie environ aussi longues que le diamètre transversal le plus grand de chacune; à stries étroites, prolongées à peu près jusqu'à l'extrémité, ponctuées ou notées de points séparés les uns des autres par un espace à peu près double de celui de leur diamètre et un peu prononcés sur la seconde

moitié des trois ou quatre internes, très-marquées postérieurement
plus faibles en devant : les quatrième, cinquième, huitième,
neuvième et dixième distinctes jusqu'à la base. *Intervalles* assez
densement et très-distinctement marqués de points paraissant,
au moins en partie, donner naissance sur la seconde moitié des
élytres et principalement sur la région interne de cette moitié,
à des poils assez courts, très-fins, disposés sans ordre, peu apparents et parfois usés. *Dessous du corps* d'un brun de poix ou
d'un brun ferrugineux. *Mésosternum* relevé en lame comprimée,
à peu près perpendiculairement coupé à sa partie antérieure ;
à tranche armée en devant d'une petite dent un peu moins élevée
que le reste de l'arête de celle-ci. *Pieds* d'un brun ferrugineux :
les deux antérieurs ferrugineux. Pubescence des cuisses prolongée en ligne oblique jusqu'à la moitié environ des antérieures
et jusqu'au quart des postérieures.

PATRIE: les Indes, le Kurdistan (Dupont).

4. **B. indicus** *Oblongus, posticè angustatus, convexus, subcompressus,
niger nitidus aut nigro-subaeneus. Elytris punctulato-striatis, striis
anticè laevioribus: quintà tribusque exterioribus usquè ad basin vix
distinctis, aliis anticè obliteratis ; interstitiis punctulatis, bis seriatim
pubescentibus: pube pallidà, posticè tantum vix distinctà. Corpus
infrà nigro piceum ; mesosterno carinà compresso-elevatà, verticis pars
anterior edentata aut dente vix conspicuo armata. Pedibus fusco-piceis,
anticis dilutioribus.*

Berosus indicus, HOPE, in collect.
Berosus Bombayanus. DUPONT, in collect.

Long. 0,0043 (1 9/10 l.) Larg 0,0029 (1 1/3 l.)

Corps oblong ; en dessus, d'un noir brillant ou métallique,
parfois tirant plus ou moins sur le bronzé. *Tête* pointillée, plus
densement sur la moitié antérieure que sur la postérieure. *Antennes* et *palpes* d'un ferrugineux livide : massue des premières,

grise: extrémité des seconds, obscure. *Prothorax* pointillé superficiellement, surtout sur le dos. *Élytres* à bord externe légèrement en arc rentrant dans son milieu, plus faiblement incourbé vers l'angle sutural ; faiblement élargies jusqu'au quart ou un peu plus de la longueur, subcurvilinéairement rétrécies ensuite et terminées en pointe obtuse; deux fois et demie aussi longues que le diamètre transversal le plus grand de chacune; à stries très-étroites, prolongées à peu près jusqu'à l'extrémité, pointillées ou marquées de petits points séparés les uns des autres par un espace deux ou trois fois égal à leur diamètre, moins légères postérieurement, plus faibles en devant ou presque réduites à des points striément disposés: les cinquième, huitième, neuvième et dixième à peine distinctement prolongées jusqu'à la base, les autres plus indistinctes vers celle-ci. *Intervalles* superficiellement pointillés ; offrant dans leur seconde moitié, et plus visiblement sur la région interne de celle-ci, deux rangées de poils soyeux très-fins, blanchâtres, parfois enlevés. *Dessous du corps* d'un noir de poix. *Mésosternum* relevé en lame comprimée, perpendiculairement coupée à sa partie antérieure; à tranche garnie de poils peu apparents, parfois nuls, munie à sa partie antérieure d'une très-petite dent souvent indistincte. *Pieds* d'un brun de poix ou d'un brun ferrugineux : les deux antérieurs moins obscurs. Pubescence des cuisses prolongées en ligne oblique jusqu'à la moitié de la longueur des antérieures, jusqu'au quart de celle des postérieures.

Patrie : les Indes, (Hope, Dupont).

DESCRIPTION

D'UN

COLÉOPTÈRE INÉDIT

CONSTITUANT

UN NOUVEAU GENRE PARMI LES ÉLATÉRIDES,

Par E. MULSANT et GODART.

Présentée à l'Académie des sciences, belles-lettres et arts de Lyon.

GENRE : **TRICHOPHORUS**, TRICHOPHORE.

(Θρίξ, τριχός, poil ; φορός, qui porte).

CARACTÈRES. *Antennes* plus longuement prolongées que les angles postérieurs du prothorax ; de onze articles : le premier assez
gros, presque cylindrique, au moins aussi long que le quatrième :
les deuxième et troisième, plus étroits, serrés, courts, presque
globuleux ou plutôt presque en forme d'anneaux, à peine aussi
longs ou à peine plus longs, pris ensemble, que la moitié du
quatrième : le troisième paraissant un peu plus court que le
deuxième : les quatrième à dixième, fortement dentés au côté interne,
plus longs qu'ils sont larges à leur extrémité, graduellement moins

larges à partir du sixième : le onzième, parallèle, étroit, un peu plus long que le dixième. *Epistome* avancé en ogive obtuse. *Palpes maxillaires* assez grêles ; à dernier article peu renflé, sécuriforme. *Palpes labiaux* courts, à dernier article presque triangulaire. *Prothorax* plus long que large ; à angles postérieurs fortement prolongés en arrière, munis chacun, vers l'extrémité de leur côté externe, d'un poil raide ou d'un appendice filiforme et corné dirigé en dehors presque à angle droit. *Ecusson* en triangle à côtés curvilignes ; plus long qu'il est large à la base. *Repli des élytres* de moitié environ plus large que les postépisternums, sur les côtés de ceux-ci, sinué vers les hanches postérieures, et linéaire à partir de celles-ci. *Prosternum* obtusément tronqué en devant : graduellement moins large presque jusqu'aux hanches antérieures ; prolongé, après celles-ci, en une pointe parallèle, égale environ aux deux cinquièmes de la longueur des cuisses de devant. *Mesosternum* avancé en angle ouvert ; creusé d'une rainure parallèle, à peu près aussi longue que la pointe du prosternum. *Postépisternums* parallèles, cinq ou six fois aussi longs que larges. *Hanches intermédiaires* allongées, un peu obliques. *Hanches postérieures* transversalement et un peu obliquement étendues à peu près jusqu'au bord du repli ; élargies en arc dans la moitié interne de leur bord postérieur, destinées à recevoir en dessous la cuisse dans la flexion. *Cuisses* peu profondément sillonnées en dessous : les antérieures et postérieures presque sur toute leur longueur. *Trochanters intermédiaires* presque en triangle équilatéral ; terminés en ligne droite ou non oblique vers leur point d'union avec la cuisse. *Tarses* à peu près aussi longs que la jambe : les postérieurs un peu plus longs : articles de ceux-ci difformes, graduellement moins longs à partir du premier jusqu'au quatrième : le cinquième aussi long que le troisième, sans sole membraneuse en dessous : le troisième offrant l'apparence d'une courte sole formée par des poils. *Ongles simples.*

Obs. Ce genre est très-facile à reconnaître à la petitesse des deuxième et troisième articles de ses antennes, et surtout à l'espèce de poil latéral dont les angles postérieurs du prothorax sont munis.

Trichophorus Guillebelli.

Allongé ; presque parallèle ; subdéprimé ou peu convexe ; d'un fauve rougeâtre plus foncé sur la tête et sur l'antépectus, plus testacé sur les antennes, le ventre et les pieds ; garni de poils fins, couchés, d'un fauve jaune. Ecusson rayé d'un sillon médiaire raccourci. Elytres à stries étroites, plus légères et peu distinctes postérieurement, formées par des points assez petits et presque carrés (cinquante à soixante sur la quatrième) : les sixième et septième postérieurement unies et moins longues: intervalles plans, subruguleux.

Long. 0,0125 (5 1/2 l.). Larg. 0,0055 (1 1/2 l.).

Corps allongé ; presque parallèle ; subdéprimé ou très-peu convexe ; d'un fauve rougeâtre, plus foncé sur la tête, plus pâle sur les antennes ; garni de poils assez longs, fins, couchés, peu ou médiocrement épais, d'un fauve jaunâtre. *Tête* enfoncée dans le prothorax jusqu'aux yeux ; d'un rouge brun ; assez finement ponctuée. *Yeux* noirs ; gros: situés sur les côtés de la tête. *Antennes* d'un fauve testacé, à premier article un peu plus foncé ; ciliées. *Prothorax* tronqué en devant ; élargi assez faiblement et presque en ligne droite, d'avant en arrière ; à angles postérieurs égaux environ au cinquième de la longueur des côtés, muni d'un poil raide dirigé en dehors ; échancré en arc dirigé en avant, entre ces angles, avec la partie médiaire un peu prolongée en arrière : à peine aussi long dans son milieu qu'il est large à la base, vers celle des angles postérieurs ; d'un fauve rougeâtre ; très-médiocrement convexe ; marqué de points moins petits que ceux de la tête et donnant chacun naissance à un poil. *Ecusson* plus long que large ; presque cordiforme ou en triangle à côtés curvilignes ; creusé d'un sillon médiaire médiocrement profond, prolongé peine au-delà de la moitié; assez finement ponctué. *Elytres* deux fois et quart environ aussi longues que le prothorax dans son milieu; presque parallèles depuis l'extrémité des angles de ce dernier, jusqu'à la moitié, faiblement et graduellement rétrécies ensuite; subdéprimées ou peu convexes; à neuf stries, étroites, graduellement plus légères, peu distinctes vers l'extrémité, marquées ou plutôt formées de petits points presque carrés (cinquante à soixante de ces points sur la quatrième) : les sixième et septième stries postérieurement unies, un peu moins longues que les autres. *Intervalles* plans ; subruguleux ; pointillés; garnis de poils comme le prothorax. *Dessous du corps* un peu plus foncé sur l'antépectus, d'un fauve tirant davantage sur le testacé surtout sur le ventre; garni de poils plus clairsemés, surtout sur les parties pectorales. *Antépectus* sinué vers la base des angles postérieurs. *Mésosternum* cilié sur les côtés de la rainure sternale. *Pieds* d'un fauve testacé analogue à celui du ventre.

Cette espèce a été prise par le capitaine Godart, dans les environs de Narbonne (Aude).

Nous l'avons dédiée à M. Guillebeau , l'un de nos entomologistes lyonnais les plus remarquables par leur coup-d'œil observateur.

DESCRIPTION

D'UN

COLÉOPTÈRE

CONSTITUANT

UN GENRE NOUVEAU PARMI LES TAXICORNES,

Par E. MULSANT et Cl. REY.

Présentée à l'Académie des sciences, belles-lettres et arts de Lyon.

GENRE **ERELUS**, Erèle.

CARACTÈRES. *Antennes* insérées sous les joues, dilatées sur les côtés de la tête ; moins longuement prolongées que le prothorax ; de onze articles ; grossissant graduellement à partir du deuxième : le premier, un peu renflé : le deuxième à peine moins gros, annulaire : le troisième presque globuleux, moins long que large : les suivants, transverses : les cinquième à dixième, rétrécis d'avant en arrière dans leur moitié interne, et constituant des espèces de dents obtuses : le onzième arrondi en devant. *Epistome* tronqué ou à peine échancré en devant, laissant le labre à découvert : celui-ci, transverse. *Mandibules* voilées par le labre à l'état de repos. *Palpes maxillaires* médiocrement allongés ; à dernier article sécuriforme ou triangulaire. *Menton* cordiforme ; plan. *Yeux* à grosses facettes ; situés sur les côtés de la tête, un peu échancrés par les joues. *Tête* presque en ovale transverse, un peu plus large que longue ; graduellement rétrécie après les yeux ; enfoncée dans le prothorax presque jusqu'à ces organes. *Prothorax* plus large que long ; bissinué à la base, avec les angles postérieurs un peu arqués en arrière et reçus dans une fossette de la base des étuis. *Elytres* presque parallèles sur plus de la moitié de leur longueur. *Repli* prolongé jusqu'à l'angle sutural. *Prosternum* séparant assez largement les hanches ; prolongé après celles-ci, et reçu à son extrémité, dans une fossette du mésosternum : celui-ci, rétréci en pointe, d'avant en arrière. *Post-épisternums* graduellement rétrécis d'avant en arrière, de moitié au moins plus larges à leur extrémité postérieure qu'à leur base ; quatre fois environ aussi longs que larges à la base. *Ventre* de cinq arceaux : partie antéro-médiaire du premier, presque parallèle, arrondie en devant : premier arceau, un peu moins grand après les hanches que le deuxième : le troisième, de moitié plus court dans son milieu, élargi sur les côtés, et, par là, arqué en arrière et à deux angles rentrants sensibles : le quatrième, le plus court, de même forme : le dernier, le plus long. *Pieds* assez courts. *Hanches antérieures* globuleuses : les *postérieures*, prolongées transversalement jusqu'aux épimères. *Cuisses* comprimées. *Jambes antérieures* élargies de la base à l'extrémité. *Tarses* presque filiformes : dernier article des antérieurs presque aussi long que les quatre précédents réunis. *Ongles* simples. *Corps* allongé ; peu convexe.

Erelus sulcipennis.

Allongé ; peu convexe ; d'un noir luisant, avec les antennes, le labre, les palpes et les tarses, d'un rouge brun. Prothorax presque en carré plus large que long, bissinué à la base, sillonné postérieurement sur la ligne médiane, grossièrement et densement ponctué sur les côtés. Elytres à sillons ponctués. Intervalles en arête obtuse en devant, tranchants postérieurement ; les deuxième et huitième, troisième et septième , quatrième et sixième postérieurement unis : le cinquième enclos par ses voisins.

Long. 0,0135 (6 l.). Larg. 0,0056 (2 1/2 l.).

Corps allongé ; peu convexe ; d'un noir luisant. *Tête* couverte de points confluents, assez gros, séparés par des intervalles très-étroits ; sillonnée sur la suture frontale et après les yeux : labre d'un rouge brun , garni en devant de cils mi-dorés. *Palpes* d'un rouge brun. *Antennes* à peine prolongées au delà de la moitié de la longueur des côtés du prothorax ; grossissant graduellement ; obtusément subdentées au côté interne des articles cinq à dix : le onzième, en ovale transverse. *Yeux* noirs. *Prothorax* échancré en devant en arc dirigé en arrière ; médiocrement arqué sur les côtés, c'est-à-dire élargi en ligne courbe jusqu'aux deux cinquièmes environ, puis plus faiblement rétréci ensuite ; bissinué à la base, avec les angles postérieurs prononcés, dirigés en arrière, mais à peine aussi prolongés que la partie médiaire ; sans rebord à celle-ci, muni d'un rebord étroit et tranchant sur les côtés ; d'un cinquième ou d'un quart plus large que long ; très-médiocrement convexe ; déprimé en devant surtout vers chaque sinuosité, avec les angles de devant un peu relevés ; marqué de gros points, ronds, presque contigus et séparés par des intervalles très-étroits en devant et sur les côtés, peu rapprochés et séparés par des intervalles lisses et brillants, sur le disque et vers la base ; creusé d'un sillon sur le quart postérieur de la ligne médiane. *Ecusson* un peu plus large que long ; obtusément arrondi postérieurement. *Elytres* un peu plus larges en devant que le prothorax à ses angles postérieurs, à peine aussi larges que lui dans son milieu ; presque parallèles ou à peine élargies jusqu'aux trois cinquièmes, en ogive subsinuée postérieurement ; faiblement convexes , convexement déclives longitudinalement à partir des

trois cinquièmes; à neuf sillons, marqués dans le fond de points
gros en devant et crénelant les intervalles jusque vers la moitié
de la longueur, graduellement petits et n'occupant que le fond
des sillons (environ vingt-cinq de ces points sur le quatrième). *Intervalles* lisses, en forme d'arêtes obtuses en devant, vives et étroites postérieurement : le deuxième ou juxta-sutural postérieurement uni au huitième : le troisième avec le septième : le quatrième
avec le sixième, en émettant, ainsi que les deux précédents un
petit prolongement après le point de leur union : le cinquième,
enclos par les précédents, le plus court, prolongé à peine jusqu'aux quatre cinquièmes. *Dessous du corps* et *pieds* d'un noir
luisant ou brillant; marqué de gros points, presque unis en sillons, sur les côtés de l'antépectus, un peu moins grossièrement
ponctué sur les côtés des médi et postpectus, presque lisse sur
le milieu de ces parties et sur le ventre: arceaux de ce dernier
marqués d'une rangée de gros points, vers la base. *Pieds* assez
grossièrement et densement ponctués ; noirs : tarses d'un rouge
brun.

Patrie : la Sicile, (collect. Godart).

DESCRIPTION

D'UN

COLÉOPTÈRE INÉDIT

CONSTITUANT

UN GENRE NOUVEAU PARMI LES ÉLATÉRIDES,

Par MM. E. MULSANT et GUILLEBEAU.

Présentée à l'Académie des sciences, belles-lettres et arts de Lyon.

GENRE: **CREPIDOPHORUS,** Crépidophore.

(Κρηπις, ιδος sandale; φορός, qui porte).

Caractères. *Antennes* situées au devant des yeux ; médiocres ; de onze articles et paraissant presque en avoir douze : le premier renflé, presque obconique, à peine plus long que le quatrième : le deuxième, petit, globuleux : les troisième à dixième, comprimés, fortement dentés en scie, au côté interne (♂ ♀), graduellement élargis jusqu'au sixième, rétrécis à partir de celui-ci : le onzième plus long que le dixième, presque filiforme, assez brusquement rétréci un peu après la moitié, et paraissant formé de deux articles soudés. *Tête* enfoncée dans le prothorax jusqu'aux

yeux. *Epistome* concave en dessus, avancé et obtusément arrondi en devant, tranchant à son bord antérieur, avec la partie
du dessous de ce bord, en reculement et perpendiculaire. *Labre*
assez petit, subarrondi en devant. *Mandibules* arquées, peu
saillantes dans le repos, terminées en pointe. *Palpes maxillaires*
assez courts; presque filiformes; à dernier article faiblement
sécuriforme. *Yeux* situés sur les côtés de la tête; orbiculaires;
entiers. *Prothorax* visiblement plus long que large; presque
parallèle dans ses trois quarts postérieurs; à angles de derrière
prolongés et obtus; entaillé au milieu de sa base. *Ecusson* subcordiforme; plus long que large. *Elytres* de moitié au moins
plus longues que le prothorax. *Repli* de moitié au moins plus
large que les postépisternums, sur les côtés de ceux-ci, rétréci en
ligne courbe à partir de la moitié de ces derniers jusqu'aux
hanches de derrière, presque réduit à une tranche postérieurement. *Prosternum* avancé de manière à voiler le menton, au
moins en grande partie; arrondi à son bord antérieur; faiblement et graduellement moins large d'avant en arrière jusqu'aux
hanches, offrant ses bords latéraux dirigés depuis le milieu de
chaque œil jusqu'au côté externe des hanches antérieures; prolongé à partir de celles-ci en une pointe presque égale à la
moitié de sa partie an'érieure, graduellement rétrécie d'avant
en arrière. *Mésosternum* creusé d'une rainure profonde, presque
parallèle dans ses trois cinquièmes ou deux tiers antérieurs, rétrécie ensuite. *Postépisternums* presque parallèles ou plutôt
faiblement rétrécis d'avant en arrière, prolongés jusqu'aux hanches postérieures; près de six fois aussi longs que larges à la
base. *Epimères postérieures* latérales, peu apparentes, voilées
par le repli. *Pieds* médiocres. *Hanches intermédiaires* subglo-
buleuses, un peu obliques. *Hanches postérieures* un peu obliquement transversales; subgraduellement rétrécies de dedans
en dehors; prolongées jusqu'au repli; voilant une partie de la
cuisse dans la flexion. *Trochanters* des pieds intermédiaires obli-

quement coupés à leur extrémité. *Cuisses* peu ou médiocrement
renflées. *Jambes* grêles. *Tarses* à deuxième et troisième articles
avancés chacun sous l'article suivant en forme de sole membraneuse : premier article des postérieurs à peu près aussi long que
les deux suivants réunis : le deuxième moins court que le troisième : le quatrième le plus court : le cinquième aussi long à peu
près que le premier. *Ongles* simp'es.

Crepidophoras anthracinus.

*Allongé ; presque parallèle ; peu convexe ; noir ; peu luisant et
garni de poils de même couleur et peu apparents, en dessus. Prothorax marqué de points presque ronds, séparés par des intervalles
étroits, presque saillants ; entaillé dans le milieu de son bord postérieur:
cette partie entaillée un peu plus prolongée en arrière que le reste
de la base. Elytres à stries peu distinctement ponctuées, subterminales :
les troisième et quatrième plus courtes et unies. Intervalles subconvexes;
rugueusement ponctués.*

Long. 0,0135 (6 l.). Larg. 0,0033 (1 1/2 l.).

Corps allongé ; presque parallèle ; peu convexe; d'un noir peu
luisant, en dessus; garni de poils de même couleur, clairsemés,
assez courts et peu apparents. *Tête* creusée d'une dépression
presque obtriangulaire sur l'épistome; couverte de points assez
fins et très-rapprochés. *Antennes* à peine plus longuement prolongées que le prothorax (♀), ou prolongées jusqu'au sixième ou
au cinquième des élytres (♂) ; noires ; brièvement pubescentes.
Prothorax faiblement arqué en arrière à son bord antérieur;
élargi en ligne courbe jusqu'au quart environ de la longueur,
presque parallèle ensuite; muni sur les côtés d'un rebord tranchant, moins étroit après la moitié ; à angles postérieurs obtus,
offrant leur côté interne obliquement prolongé de dehors en dedans jusqu'au tiers médiaire de la largeur ; ce côté, ayant sa
partie inférieure avancée au devant de la partie médiaire de la

base : celle-ci, entaillée à angle ouvert et un peu plus prolongée
en arrière que les parties latérales du bord postérieur ; déprimé
vers chaque cinquième externe au bord postérieur, c'est-à-dire
au côté interne de chaque angle ; d'un quart environ plus long
que large; très-médiocrement convexe; marqué de points presque
ronds, un peu moins petits que ceux de la tête, séparés par des
intervalles étroits presque un peu saillants : ces points donnant
chacun naissance à un poil noir. *Ecusson* subcordiforme; pointillé. *Elytres*, à peine aussi larges en devant que le prothorax
à ses angles postérieurs ; subparallèles jusqu'à la moitié, faiblement rétrécies ensuite chez la ♀, plus sensiblement chez le ♂;
peu convexes ; à neuf stries presque imponctuées ou peu distinctement ponctuées: la première presque terminale et postérieurement liée à la neuvième, en enclosant les autres: les troisième
et quatrième plus courtes et postérieurement unies : les autres
aboutissant à la réunion des première et neuvième. *Intervalles*
subconvexes; rugueusement ponctués; garnis de poils peu apparents. *Repli* rugueusement ponctué sur les côtés des postépisternums. *Dessous du corps* noir ; un peu plus luisant que le dessus ;
garni d'un duvet court, fin, peu serré ; ponctué, presque comme
le dessus du prothorax, sur l'antépectus, plus fortement sur les
médi et postpectus; et plus finement encore sur le ventre. *Pieds*
noirs.

Cette espèce se trouve dans diverses parties de la France.

Obs. Peut-être faut-il lui rapporter *l'Ampedus anthracinus*
du catalogue Dejean.

TABLE

DES ESPÈCES DECRITES.

COLÉOPTÈRES.

Ædilis *xanthoneura* . . page 4
Aleochara *discipennis* . . . 63
— *diversa*. 64
— *rufipes*. 61
Anobium (Dryophilus) *compres-sicorne* 17
— *longicolle* 14
— *rugicolle* 19
Apalochrus *flavolimbatus* . . 8
Bostrichus *Victoris* 91
Botriophorus n. g. 21
— *atomus* 22
Brachygaster n. g. 173
— *denticulatus* . . 175
— *indicus* 179
— *metallescens* . . 178
— *stagnicola* . . . 177
Catopsimorphus *pilosus* . . . 12
Clytus *angusticollis* 106
Cœlopterus n. g. 89
— *salinus* 89
Crepidophorus n. g. 189
— *anthracinus* . . 191
Cryptocephalus *gloriosus* . . 127
Dorcadion *Donzeli* 32
— *fuliginator*. . . . 33
— *hispanicum*. . . . 108
— *lineola* 35
— *mendax*. 35
— *meridionale* . . . 25
— *monticola* 27
— *navaricum*. . . . 29

Dryophilus s. g. Voy. Anobium. 17
Erelus n. g. 185
— *sulcipennis* 186
Ergates *opifex* 105
Feronia (Pterostichus) *alpicola* . 93
Hister *myrmecophilus*. . . . 97
Homalota *fuscicornis* 44
— *gagatina* 37
— *lœvicollis* 42
— *luctuosa*. 35
— *meridionalis* . . . 38
— *subterranea* . . . 40
Homalota (Sipalia) *difformis*. . 46
— *globulicollis* . . . 50
— *grandiceps* 52
— *piceata* 48
Hydraena *producta* 1
Leptura *rufipennis* 120
Lithocharis *rufa* 79
Malachius *cyanescens* . . . 93
Oxypoda *attenuata* 53
— *bicolor* 55
— *fuscula* 58
— *lucens* 56
— *rufula* 60
Mycetoporus *angularis* . . . 69
— *tenuis* 67
Philonthus *temporalis* . . . 74
— *tenuicornis* . . . 73
— *signaticornis* . . . 75
Phytœcia *flavicans* 120
— *Gaubilii*. 112
— *humerata* 114

Phytœcia *Ledereri* 115
— *tigrina* 117
— *Wachanrui* 110
Procrustes *asperatus* 124
Ptilinus *aspericollis* 7
Rhysodes *sulcipennis* . . . 6
Saprinus *ciliaris* 99
Scymbalium *longicolle* . . . 7⁷
Scymnus (Pullus) *alpestris* . . 86
— — *anomus* . . 87
Sipalia s. g. nouveau du g. .
Homalota 45

Stenopterus *praeustus* . . . 120
Stilicus *festivus* 81
Tachinus *humeralis* 66
— *laticollis*. 67
Tenebrio *noctivagus* 9
Trichophorus n. g. 181
— *Guillebelli*. . . 183
Trogosita *tristis* 10
Vexperus *Xatarti* ♀ 105
Xantholinus *punctulatus* var. . 71
— *tricolor* var . . . 71

FIN DE LA TABLE.

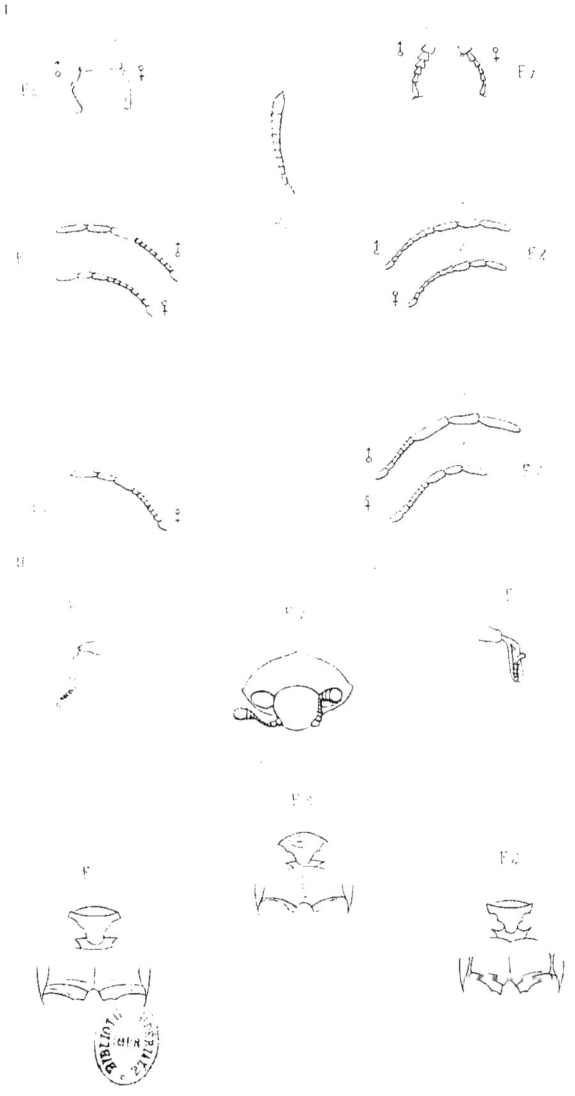

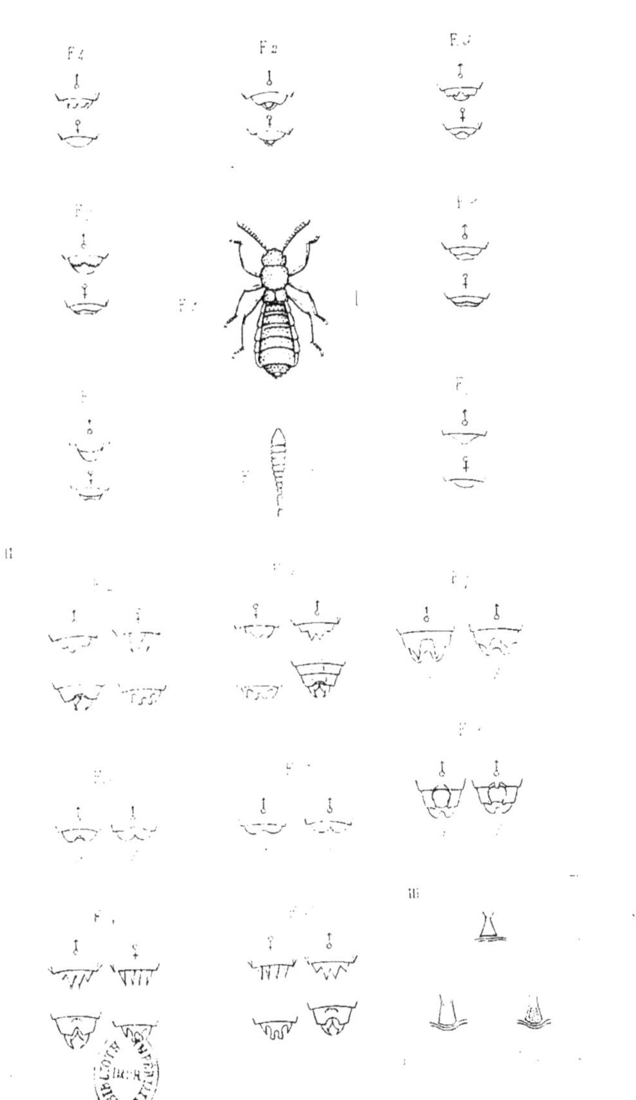